KB263481

과학
크리에이터가
되는
상상
어때?

과학 크리에이터가 되는 상상 어때?

김정훈(과학드림)x이다혜 지음

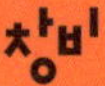

창비

▶▶ 창비 청소년 진로 토크 콘서트 '발견의 첫걸음'에서 이공계 진로를 희망하는 청소년들과 만난 '과학드림' 김정훈 선생님(왼쪽)과 이다혜 기자.

2023 창비 청소년 진로 토크 콘서트
'발견의 첫걸음'

세상을 보는 색다른 안경, 과학

유튜브 많이 보시나요? 하루에 몇 시간이나 보세요? 어떤 유튜브를 좋아하시나요?

저부터 대답해 볼게요. 저는 유튜브를 많이 봅니다. 하루에 최소한 한 시간은 보는 것 같고, 몇 시간인지 모를 정도로 계속 볼 때도 있어요. 여행 브이로그를 특히 좋아하지만, 때로는 과학이나 수학 콘텐츠를 보기도 합니다. 여행 브이로그는 제가 여행을 좋아해서 보고, ASMR 영상(심리적 안정감을 주는 일상 소음을 담은 영상)은 일할 때 배경음으로 틀어 놓고는 하는데요. 과학이나 수학 영상은…… 좀 특별한 이유로 보게 됩니다. 잘 모르겠지만 궁금한 세계에 대한 호기심을 충족시키기 위해 보거든요.

'과학드림' 채널도 그렇게 알게 되었습니다. 많은 경우 그렇듯, 알고리즘이 어째서인지 추천으로 띄워 준 영상이라 보기 시작했던 것 같아요. 처음에는 공룡 관련 영상들을 봤고(새와 공룡의 관계에 대해 알고 있나요?), 흰자위가 인간에게만 있는 이유가 궁금해서 클릭해 봤고(아기의 시선을 잡아끄는 데 눈동자의 위치 변화가 가장 중요하대요!), 초거대 상어 메갈로돈의 멸종 이유가 궁금해서 영상을 끝까지 시청했답니다(메갈로돈이 사라지고 고래가 더 거대해졌다고 합니다). 어떤 날은 조회 수가 100만 회를 넘는 영상을 골라 보기도 했고, 어떤 날은 공룡에 대한 영상을 몰아 보기도 했어요. 한 번 보고 잘 이해가 안 가면 반복해서 본 적도 있답니다. 과학을 좋아하냐고요? 아뇨, 저는 과학을 잘 못했답니다. 하지만 이것 하나는 분명히 말할 수 있어요. 제가 학교에 다니던 때 과학드림 같은 채널이 있었다면, 과학을 더 좋아했으리라는 사실을요.

과학에도 스토리가 있습니다. 과학은 우선 평소 막연히 궁금했던 것들에 대한 답을 알려 줘요. 가령 한 생물종의 진화는 그 자체로 지구가 들려주는 거대한 역사의 한 페이지라고 할 수 있죠. 과학자들이 가설을 세우고 논증하고, 그것이 후대 과학자의 새로운 가설과 논증에 의해 폐기되고, 또 그 논증이 다시 반박되는 과정을 접할 때마다 과학도 이렇게 재밌을 수 있구나 싶어요. 때로는 그래프와 숫자를 잔뜩 봐야 하지만, 과학드림을 비롯한 과학 크리에이터들의 스토리텔링을 통해 과학을 접할 때면 어쩐지 밥을 안 먹고도 배부른 느낌이 들곤 합니다. 머릿속이 든든해지니까요.

이 책을 읽는 독자 중에는 과학드림처럼 과학 크리에이터가 되고 싶어서 책을 펼친 사람도 있을 테고, 다른 분야의 크리에이터가 되고 싶어서 관심을 가진 사람도 있으리라 생각합니다. 또는 과학이 왜 필요한지 궁금해서 읽기 시작한 사람도 있겠죠. 이 책은 두루 호기심을 채울 수 있는 질문으로 가득합니다. 크리에이터가 무조건 자신을 카메라 앞에 노출시켜야 한다고 생각하나요? 과학드림 채널을 운영하는 김정훈 선생님은 직접 얼굴을 내비치지 않고도 인기 있는 콘텐츠를 만들고 있어요. 김정훈 선생님의 이야기를 듣고 있으면 편견이 깨질 때도 있고, 격려받는 느낌이 들 때도 있을 거예요. 그중 한 가지는, 지금은 구독자가 100만 명이 넘는 채널이지만 처음부터 자신만만하게 유튜브를 시작한 게 아니라는 이야기이지 않을까 합니다. 직장을 옮길 준비를 하며 영상을 만들 줄 안다는 사실을 증명하기 위해(그걸 포트폴리오라고 부른답니다.) 가벼운 마음으로 영상을 몇 개 만들어 올린 게 채널의 시작이었다고 해요. 이왕 시작했으니 꾸준하게 영상을 만들어 올렸는데, 영상의 조회 수가 올라가고 구독자가 급증하면서 전업 유튜버가 된 경우입니다.

이 책에서 김정훈 선생님과 나눈 이야기 중에는 과학의 즐거움에 대한 이야기도 있습니다. 과학을 배우는 게 얼마나 즐거운지와 과학적 사고방식을 갖는 게 얼마나 중요한지 그리고 사실 관계가 탄탄한 글을 쓰는 법에 대해서도 함께 다루고 있어요. 과학을 좋아하는 친구들은 물론, 과학과 무관한 일을 할 사람들에게도 무척 중요한 이야기니까 눈여겨봐 주세요.

세상에는 여러 가지 다양한 유형의 직업이 있는 만큼 다양한 유형의 크리에이터도 있습니다. 과학 유튜버는 하나의 갈래이고, 그중 한 사람이 김정훈 선생님입니다. 유튜브와 과학이라는 멋진 세계를 향해, 이 책으로 한 걸음 과감하게 내디뎌 보길 바랍니다.

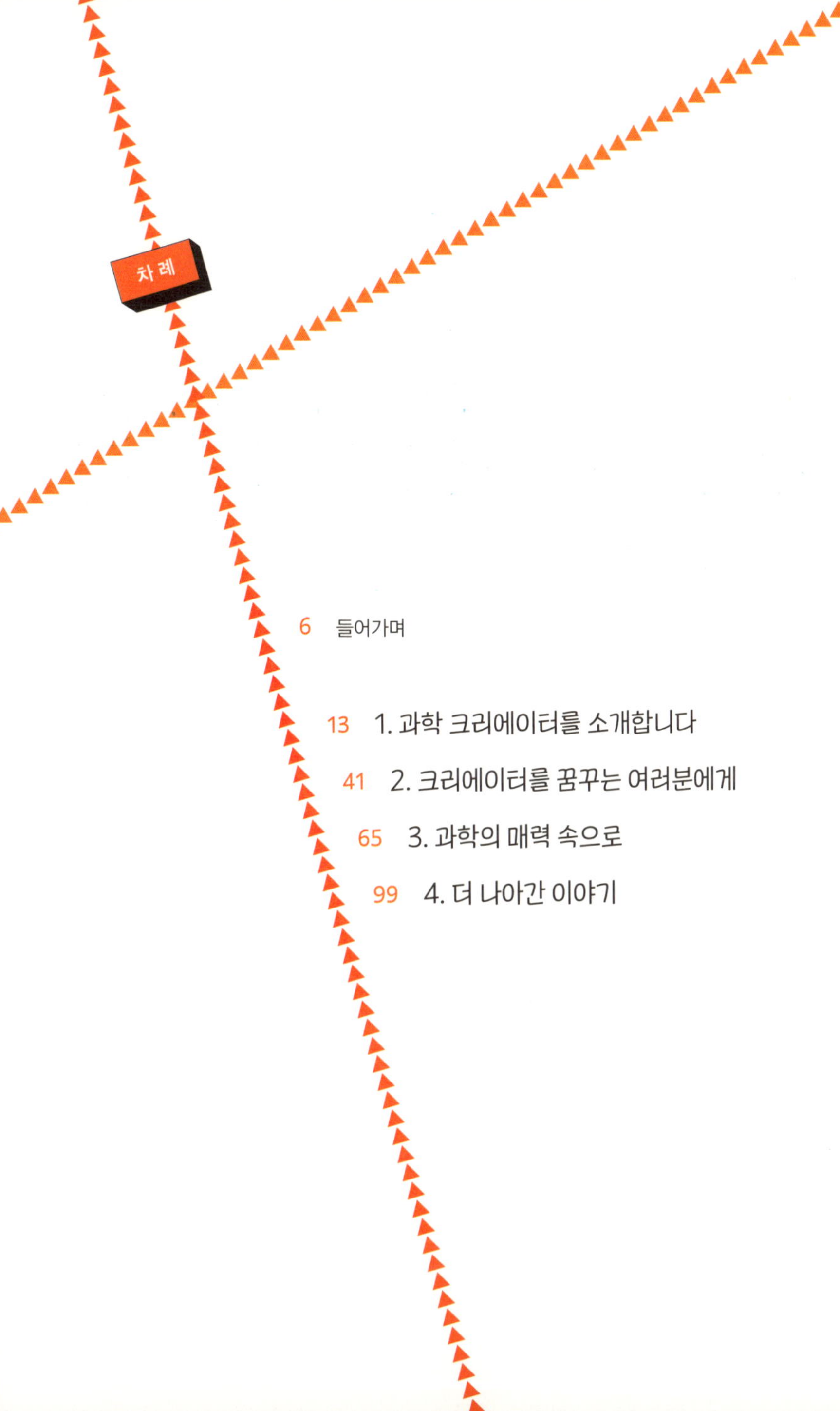

차 례

1. 과학 크리에이터를

소개합니다

유튜브 '과학드림' 채널 운영자

김정훈

과학 크리에이터
김정훈 선생님을 소개합니다.

안녕하세요. 저는 '과학드림'이라는 유튜브 채널을 운영하고 있는 김정훈입니다. 과학과 관련한 책을 여러 권 쓴 작가이기도 하고, 간혹 진로나 과학 지식에 관해 강연하기도 해요. 한마디로 과학 크리에이터라고 할 수 있을 것 같습니다. 이렇게 활동할 수 있는 건 제가 과학을 공부했기 때문이기도 합니다. 저는 대학교에서 과학 교육을 공부했는데요. 교사가 되기 위한 시험을 준비하다가 제 길이 아니라는 생각이 들어 과학 잡지인『과학소년』
에 입사해 10년간 기자로 활동했습니다.

　과학드림 채널을 운영하기 시작한 것은 2019년부터인데,
좋은 관심을 받은 덕에 채널을 시작한 지 불과 몇 달 만에 회
사를 그만두고 크리에이터 일에만 집중할 수 있었어요. 꾸
준하게 콘텐츠를 만들어 올리다 보니, 2023년에는 구독자 수
100만 명을 넘길 수 있었습니다. 과학드림 채널을 운영하며
분에 넘치게 상도 많이 받았는데요, 특히 1인 미디어 창작 그
룹 육성 사업 대상과 과학기술정보통신부 장관 표창장을 받
았을 때는 정말 뿌듯했습니다. 아직도 부족한 점이 많지만 그
래도 과학의 재미를 널리 알렸다는 점을 인정받은 것 같아 자
랑스러워요.

　　　　　　　　　　사실 모든 순간들이 지
금의 저를 만들었다고 말할 수 있을 텐데요, 우선 대학교 시

절부터 말씀드리자면 제가 다닌 사범대에서는 공통 과학, 물리, 화학, 생물(생명 과학), 지구 과학을 배울 수 있었어요. 저는 이 다섯 가지 전공 중에서 공통 과학 교육과 생물 교육을 전공했습니다. 제가 좋아하는 분야였으니까요. 그때의 경험 덕에 제 채널에서는 과학의 여러 분야 중에서도 주로 생물에 관한 것을 다루고 있습니다. 전공 분야이기도 하고 좋아하는 분야이기도 하지만 생물은 우리 생활과 밀접하기 때문에 물리나 화학보다는 대중들에게 좀 더 친숙한 영역이라는 생각도 들었습니다. 그밖에 종종 지구 과학 콘텐츠를 다룰 때도 있어요. 지질이나 기후 같은 지구 환경은 우리의 일상은 물론이고 생물의 진화와도 아주 밀접하게 연관돼 있기 때문에 자연스레 소재로 삼게 되었던 것 같습니다.

그리고 과학 기자로서 겪었던 경험이 크리에이터 일에도 큰 영향을 주었다고 말할 수 있습니다. 이후에 좀 더 자세히 말할 기회가 있겠지만 유튜브 콘텐츠를 만드는 과정은 기사를 쓰는 과정과 상당히 닮아 있습니다. 무엇보다 과학을 '쉽고' '재밌게' 전달한다는 점에서 정말 비슷한 것 같아요.

과학 크리에이터가 되겠다고
마음먹은 계기는 무엇이었나요?

무엇보다 과학을 좋아했기 때문이라고 말씀드릴 수 있을 것 같아요. 저는 어려서부터 과학을 좋아했습니다. 제가 과학과 사랑에 빠진 순간이 아직도 생생히 기억나는데요, 초등학교 4학년 때쯤이었어요. 동네 저수지 근처에서 물속에 사는 벌레 한 마리를 잡아 페트병에 넣어 집에 온 적이 있습니다. 그런데 자고 일어났더니 제가 잡아 온 벌레는 온데간데없고, 페트병 안에 큰 왕잠자리 한 마리가 있었어요. 정말 마법 같은 순간이었죠. 그때부터 자연은 경이와 신비의 대상이었습니다. 나이를 먹으며 학교에서 과학을 공부하면서부터는 이 모든 경이로운 자연 현상들을 마법이 아닌 '과학'으로 체계적으로 설명할 수 있어 과학에 더 큰 매력을 느꼈죠.

그리고 저는 책을 비롯한 콘텐츠에도 관심이 많았어요. 어찌 보면 과학 교육을 공부하게 된 것, 과학 기자가 된 것, 과학 유튜브를 운영하게 된 것 모두 과학과 콘텐츠에 대한 애정에서 출발한 것이 아닌가 하는 생각이 듭니다.

▶▶ 과학에 대한 호기심을 일깨워 준 왕잠자리.
왕잠자리는 연못이나 저수지 같은 담수에서 서식한다.

결국 소통 도구가 분필이냐, 글이냐, 영상이냐의 차이일 뿐 세 직업 모두 과학의 중요성과 재미를 많은 사람들에게 알린다는 공통점이 있어요. 그리고 제가 그랬던 것처럼 자신의 상황에서 최선을 다하다 보면, 사회가 변화하면서 새로운 기회의 장이 열리기도 하죠. 매 선택에 충실히 임하며 '현생'을 잘 살아 내는 게 중요한 것 같습니다.

　세상에는 지식을 전달하는 직업이 여러 가지 있습니다. 그중에서도 김정훈 선생님은 과학 지식을 전달하는 직업을 세 가지 거쳤는데요. 과학 교사, 과학 기자, 과학 크리에이터가 그것입니다.

　과학 교사는 교실에서 직접 학생들과 만나 과학을 가르치는 직업입니다. 학교 수업에서 배우는 과학 지식은 우리가 살아가는 데 필수적인 것들이기도 하고, 다음 교육 과정에서 더 깊이 있는 지식을 알아 가기 위해 필요한 기반이 되기도 합니다. 즐거움보다는 교육적 필요에 의해서 그 내용과 수준이 결정될 때가 많지요. 과학 기자는 대중의 눈에 재미있어 보이거나 최근 발견된 과학적 지식을 알기 쉽게 기사의 형태로 전달합니다. 과학자들과 인터뷰를 해서 기사를 쓰기도 하고요. 그런가 하면 과학 크리에이터는 과학 커뮤니케이터와 궤를 같이 하는 직업인데요. 주로 유튜브, 강연 등을 통해 대중과 직접 소통을 하면서 과학을 '재미있게' 전달하는 데 중점을 둡니다. 한 가지 관심사를 가지고도 여러 방식으로 세상과 소통하며 의미를 만들어 낼 수 있는 셈입니다.

영상 하나를 완성할 때까지의
과정이 궁금해요.

어떤 내용인지에 따라 다르지만 평균적으로 주제를 잡고 자료를 찾는 데 2~3일 정도가 걸리고, 스크립트를 작성하는 데 2~3일, 스토리보드를 짜는 데 2일, 영상을 만드는 건 4일 정도 듭니다. 콘텐츠 한 편을 만드는 데 대략 2주 정도 걸리는 셈이죠.

영상을 만들기 위해 가장 먼저 주제를 정합니다. 초기에는 제가 과학 기자 생활을 하면서 너무 소소하다거나 엉뚱하다거나 짧은 기사로 다루기에는 적절하지 않은 글감이라는 등의 이유로 거절당했던 주제들을 많이 다루었습니다. 예를 들면, 공룡이 멸종하지 하지 않는 이유나 스테고사우루스는 골판을 어디에 썼을까, 일개미는 왜 일만 할까 같은 주제였죠. 그 외에는 과학 서적에서 주제를 찾기도 하고 『사이언스 타임스』와 같은 인터넷 뉴스 사이트들을 자주 찾아봅니다. 계절이나 시기를 잘 고려하지 않는 편이지만, 코로나19 바이러스 같은 큰 이슈가 있다면 다루기도 합니다.

제가 어렸을 때 궁금했던 주제들도 많이 다루는 편이에요.

▶▶ 김정훈 선생님이 실제로 영상 편집을 하고 있는 장면.

가령 코끼리의 진화 같은 주제인데요, 코끼리처럼 생긴 동물은 지구상에 코끼리밖에 없잖아요? 어렸을 때부터 코끼리는 왜 저렇게 생겼을까 하는 호기심이 있었고 그걸 콘텐츠로 만든 거죠. 이렇게 주제를 정할 때 내 안에 있는 궁금증에서 출발하는 것도 방법입니다.

한편 구독자 분들이 달아 주시는 댓글을 보고도 아이디어를 얻어요. 소통의 일환이기도 하고 제가 생각하지 못했던 얘기가 적잖게 나오거든요. 예를 들어 공포새에 대한 이야기는 예전부터 다룰까 말까 고민을 하긴 했는데, 댓글로 많이 요청을 해 주셔서 다루게 됐죠. 이렇게 여러 방식으로 주제를 정할 수 있습니다.

그다음 단계에서는 자료 조사를 합니다. 자료 조사는 대본에 들어갈 내용을 모으는 것이기도 한데요, 관련된 연구들을 넓게 살펴보면서 영상으로 만들 수 있을지 먼저 판단해요. 좀더 파 보면 엉성한 자료밖에 없는 경우도 있거든요. 검증이 전혀 되지 않은, 그러니까 근거가 분명하지 않고 여기저기 떠도는 이야기로만 존재한다면 거기서 중단하는 거죠.

이렇게 자료 조사를 마치고 나면 대본을 써요. 제 영상을 떠올려 보시면 제목과 섬네일에서 언급한 중심 주제를 먼저 제시하고, 이후에는 여러 학자들의 가설을 설명하면서 처음에 제시한 질문에 맞는 답을 찾아가는 식으로 구성되어 있는데요, 이처럼 저는 조사해 놓은 자료를 보통 그 연구가 발표된 시간 순서에 따라 배치하는 편입니다. 다만 여러 가설들을 그저 늘어놓기보다는 A라는 가설을 깨는 B라는 가설의 등장, B라는 가설을 깨는 C라는 가설을 소개하면서 이야기를 만드는 편입니다.

내레이션	영상
마추픽추는 남아메리카 대륙 페루에 있는 오래된 유적지입니다.	• 스톡 영상(01-마추픽추 전경) • 스톡 영상(01-페루 지도) (살짝 투명도 줘서 오버랩되게끔)
1911년 미국 예일대 교수였던 하이럼 빙엄이 남아메리카를 탐사하다 발견했는데요.	– 이미지 슬라이딩(01-하이럼 빙엄 마추픽추 발견)
15세기에 남아메리카를 지배했던 잉카 제국이 세운 것으로 추정되고 있죠.	스톡 영상(01-잉카 제국의 황제 파차쿠티)
마추픽추는 잉카 제국의 수도였던 쿠스코에서 북서쪽으로 75킬로미터 떨어진 안데스산맥 깊은 계곡에 자리 잡고 있습니다.	• 지도 이미지 삽입(#4 쿠스코_마추픽추 거리) ▶ 쿠스코 표시 → 마추픽추 표시 → 쿠스코~마추픽추 사이에 점선 화살표로 둘 사이의 거리를 나타냄 → 75킬로미터 수치 표시
해발 고도 2,430미터의 산등성이 위 2억 5천만 년 전의 화강암으로 만들어진 곳에 도시가 위치해 있고	• 스톡 영상(01-3D 마추픽추 유적지 회전)
그 400미터 아래로는 우루밤바강이 뱀처럼 크게 휘감아 돌며 흐르고 있죠.	• 위성 사진 삽입(#6 마추픽추 계곡) ▶ 위성 사진에서 마추픽추의 위치와 높이가 아래처럼 표기돼 있다. / 그리고 우루밤바강 라인을 오른쪽에서 왼쪽으로 흘려 주고, 우루밤바강 명칭과 고도(2,030미터)를 표시

▶▶ '마추픽추를 이런 얼토당토않은 곳에 지은 매우 과학적인 이유'(2024.7.19.)의 스토리보드 일부.

그다음 단계에서는 대본을 영상으로 만들기 위해 스토리
보드를 만듭니다. 어떤 장면에 어떤 그림이나 사진이, 음향
이 배치되면 좋을지 짜는 거예요. 이후에는 대본에 맞춰 녹음
을 한 후, 녹음된 속도에 맞게 영상을 만들지요. 제작 시간은
영상 편집하는 데 더 많이 들지만, 대본에 신경을 더 많이 기
울입니다. 중요도를 굳이 수치로 따지자면 대본이 6, 영상은
4인 것 같습니다. 영상이 완성되면 섬네일을 만들어서 업로
드하죠.

유튜브 콘텐츠에서 중요한 것은
어떤 것이 있을까요?

일단 저는 재미있는 게
첫 번째라고 생각해요. 그럼 재미가 무엇인지 살펴볼 필요
가 있겠죠? 게임 기획자인 제시 셸이 쓴 『The Art of Game
Design』(2008, 한국어판 에이콘출판사 2010)이라는 책에서는
재미를 '놀라움이 있는 즐거움'이라고 표현합니다. 사람들이
무언가를 재미있다고 느끼려면, 특정한 패턴이 깨지는 놀라

움이 있어야 한다는 뜻이죠. 예를 들어 영화 속 반전 같은 거 말이에요. 과학 콘텐츠에도 이런 방법을 적용시켜 볼 수 있어요. 제가 가장 많이 쓰는 방법은 익숙한 키워드에 낯선 요소를 붙이는 겁니다. 얼핏 들으면 익숙한데, 들여다보면 새로운 것들이 있어요. 삼엽충이 멸종한 이유를 다루는 영상이 딱 그렇죠. 삼엽충은 우리가 교과서에서 다 배웠던 생물이잖아요. 그래서 익숙하고요. 그런데 '멸종'이라고 하면 사람들은 대부분 공룡만 떠올려요. 삼엽충은 생각을 못 하는 거죠. 지금 삼엽충이 존재하지 않으니 삼엽충이 멸종한 이유도 있지 않겠어요? 이렇게 아이템을 발전시키다 보면 영상을 만들어 보자는 생각으로 이어지는 거죠. 들어 봤을 법한 키워드인데, 거기 얽힌 주제는 한 번도 생각해 보지 않았던 것들이 흥미롭다고 생각합니다.

그리고 시청자분들이 최대한 재미있게 볼 수 있도록 영상을 만화처럼 표현하려고 합니다. 과학 전문 채널이라고 해도 스튜디오에서 게스트들을 초대해 토크쇼처럼 진행하는 경우도 있고, 제 채널의 경우처럼 내레이션을 중심으로 그림이나 자료 영상을 통해 풀어 나가는 경우도 있는데요, 저는 사진

▶▶ 삼엽충강은 수만 종의 삼엽충종으로 구성되어 있다.

도 많이 쓰긴 하지만 최대한 일러스트를 중심으로 표현하려
고 합니다. 그래서 어떤 때는 저의 영상을 설명하면서 '애니
메이션'이라는 표현을 쓰기도 해요. 또 영상에서 여러 가설이
언급되는 만큼 어떤 이야기를 하고 있는지 헷갈리지 않게끔
해당 연구를 한 과학자들의 사진을 넣습니다. 실제 인물의 사

진이 들어가면 신뢰도가 높아지죠.

동시에 수식은 최대한 다루지 않으려고 합니다. 티라노사우루스의 무는 힘에 대한 내용을 소개한다고 가정해 볼게요. 사실 이런 연구에는 꽤 많은 수식들이 들어가는데, 숫자까지 넣으면 가뜩이나 쉽지 않은 내용이 더 어렵게만 느껴질 테니까 가능한 한 시각화해서 넣으려고 합니다. 티라노사우루스의 무는 힘은 약 6,000킬로그램이 넘는다고 하는데 이렇게만 설명하면 어느 정도인지 이해하기가 어렵기 때문에 그랜드 피아노 13대가 떨어지는 정도의 힘이라는 식으로 설명하는 거죠. 여기에 더해 백상아리의 무는 힘은 300킬로그램, 사자는 430킬로그램, 악어는 2,000킬로그램이라는 식으로 나란히 비교해 보면 티라노사우루스의 무는 힘을 실감할 수 있겠죠?

여러 가지 방법들을 활용하기는 하지만 솔직히 지금도 어려운 내용을 쉽게 표현하는 건 어렵습니다. 늘 고민이에요. 그래도 어떻게 하면 더 재밌고 쉽게 전달할 수 있을까 고민하는 시간들을 구독자분들이 알아주시는 것 같습니다.

▶▶ '어떤 심해 생물들은 왜 이토록 거대해졌을까?'(2022.9.9.)의 한 장면.
과학드림 영상은 일러스트를 많이 활용해 과학을 재미있게 설명한다.

그 외에도 과학 크리에이터로서
지키는 원칙이 있으신가요?

영상 제작 과정을 설명하면서 언급했지만 저는 주제를 잡고 나면 정확한 정보를 찾기 위해 노력합니다. 제가 다루는 내용이 사실에 부합하는 것을 중요하게 생각하거든요. 그래서 보통 책을 많이 찾아보고 논문도 여럿 검색해 봅니다. 책이나 논문은 어떤 내용을 다룰 때 출처를 명확하게 밝히고 있기 때문에 다른 매체보다 신뢰도가 높거든요. 논문 전체를 살펴볼 여유가 없는 경우가 많기 때문에 서론이나 결론 부분을 중점적으로 읽죠. 기사도 자주 참고하는데 주로 『사이언스』나 『네이처』같은 해외 유명 과학 잡지들의 기사를 살펴봅니다.

하지만 신뢰도가 높은 매체의 경우에도 그 내용을 있는 그대로 믿기보다는 계속 질문해야 합니다. 제가 전에 '웰위치아'라는 식물을 다룬 적이 있어요. 웰위치아는 사막에 발견되는 잎이 풍성한 식물입니다. 사막처럼 아주 건조한 환경에 사는 식물이면 수분을 뺏기지 않기 위해 잎이 선인장처럼 뾰족해야 할 것 같은데 웰위치아는 잎이 풍성하다는 점이 아주 독특하다고 할 수 있죠. 이 식물을 관찰한 과학자들이 고민했어요. '왜 웰위치아는 사막에 사는데도 잎이 많지?' '어떻게 수분을 얻는 걸까?' 제가 이 주제를 위해 맨 처음에 읽었던 논문은 웰위치아가 잎의 기공을 통해서 수분을 얻는다고 주장하고 있었습니다.

저는 이게 조금 이상하게 느껴졌어요. 아무리 잎의 구멍을 통해 수분을 흡수한다고 한들 웰위치아의 크기를 생각해 보면 수분 공급이 충분하지 않을 것 같았거든요. 다시 확인해

▶▶ 웰위치아는 아프리카 대륙 남부 사막에서만 분포하는데
1,000년 이상 된 개체도 있을 정도로 오래 산다.

보니 그 글은 1973년에 쓰인 것이었죠. 오래된 만큼 충분히
검증되지 않은 가설을 다루었던 것일 수도 있다고 판단해서
계속 조사를 이어 갔습니다. 그러다 웰위치아가 안개를 통해
수분을 얻는다고 주장하는 글을 발견했죠. 그 글의 내용인즉
웰위치아는 사막 중에서도 안개가 많이 생기는 곳에 서식하
는 경향이 있는데 거기 사는 곤충들도 그런 식으로 수분을 얻

는 것을 보면 식물도 비슷할 거라고 추론하는 거였죠. 그래서 그 내용으로 일단 영상을 만들고 있었는데 아무리 안개로 수분을 섭취해도 이렇게까지 잎이 많다면 생존에 너무 불리할 것 같다는 생각이 들더라고요. 계속 찾아봤더니 최근 발표된 연구 중에 지하수를 언급한 경우가 있었어요. 웰위치아가 뿌리를 길게는 1미터 넘게까지 내리는데 거기서 지하수를 얻더라는 거예요. 그 과학자가 자신의 가설이 맞는지 아닌지 검증을 하려고 웰위치아의 분포 지점을 조사해 연결해 보니 지하수가 흐르는 길이랑 똑같더래요.

드디어 납득이 갔습니다. 하나의 예시이긴 합니다만 학자들도 항상 맞는 것은 아니에요. 과학의 틀 안에는 끊임없이 새로운 가설이 등장하고 또 반박당하면서 일종의 경쟁을 통해 점점 사실에 접근해 가는 과정이 있습니다. 그러니 내가 어떤 기사나 어떤 자료를 접했다 해도, 이상하다는 느낌이 들거나 말이 안 된다고 생각된다면 계속 찾아봐야 합니다.

세상에는 정말 믿을 수 없는 정보가 많아요. 콘텐츠를 만들 때는 물론이고 항상 내가 보고 있는 이 정보가 사실인지 따져 보는 습관이 중요하죠. 우선 가짜 정보에는 상황과 결과만 있고 그 중간 과정이 생략된 경우가 많습니다. 또, 제대로 된 자료의 출처를 언급하는 경우도 없고요. 그리고 특정 연구 자료를 언급해도 출처가 처음 들어 보는, 신뢰하기 어려운 지면인 경우가 있어요. 진짜와 가짜를 판단할 때는 해당 결과가 어떻게 도출됐는지 그 과정을 되짚어 보면 좋아요. 인과 관계가 성립되지 않는다면, 그건 가짜 뉴스일 확률이 높죠. 결국 이런 인과 관계를 추론하는 과정 자체가 과학이에요. 즉 가짜를 잘 걸러 내기 위해서는 어렸을 때부터 과학적 소양을 기르는 과정이 필요하다고 생각합니다.

'팩트 체크'라는 말을 다들 사용하는데, 그게 왜 필요하고 중요한지 알고 계신가요? 과학적 진실이든 사회과학적 진실이든, '팩트'는 그 자체로 끝나지 않고 그에 따른 해석으로 이어집니다. 내가 접한 지식이 사실에 근거하고 있는지를 한 번 더 체크하는 습관을 갖는다면 더 정확한 판단을 내리는 데 도움이 되는 셈입니다. 인터넷 게시판에서 본 주장의 사실 여부를 확인하기 위해 신문 기사를 검색해 보거나, 관련 내용을 다룬 책을 확인해 보는 것은 매우 중요한 팩트 체크 과정입니다. 과학적 사고를 한다는 말에는 이렇게 사실 여부를 검증한다는 뜻이 포함되어 있어요. 이러한 과정을 거치면서 우리는 가짜 뉴스에 속지 않을 수 있습니다. 상식에 어긋나는 주장이라면 더더욱 꼼꼼히 읽어 보는 습관을 가질 필요가 있고요. 공부를 계속해 나가면 믿음직한 팩트 체크 방법들을 더 많이 배우게 될 거예요.

하지만 저도 틀린 내용을 서술할 때가 많습니다. 최대한 이를 방지하고자 해당 연구의 반대 논문도 찾아보거나 때로 친분이 있는 교수님들께 자문을 구하기도 하고요. 그런데 이런 검증 과정을 거쳐도 틀린 정보를 다뤄 비판을 받을 때가 종종 있습니다. 물론, 대중적인 파급력이 큰 유튜버라는 직업 특성상 비판도 담담히 받아들여야 하는 일이라고 생각하고 있습니다.

지금은 사실, 이런 비판보다는 작업량이 많은 게 가장 힘들긴 해요. 영상은 많은 분들이 재밌고 쉽게 볼 수 있는 매체임

▶▶ 독일 마인츠자연사박물관에서 볼 수 있는 데이노테리움 모형.

은 분명하지만 사실 다른 매체보다도 작업량이 많은 편입니다. 그래서 팀을 이뤄 작업을 분담하는 경우가 많죠. 하지만 과학드림 채널 같은 경우엔 일부 원고를 대신 써 주는 프리랜서 작가와 영상 편집 일부를 도와주는 외주 편집자가 있기는 하지만 대부분의 일을 저 혼자 하고 있습니다.

　이건 제가 코끼리의 기원과 진화를 주제로 영상을 만들 때 겪은 일인데, 옛날에 살았던 코끼리의 조상 중에 데이노테리움이라고 좀 특이하게 생긴 생물종이 있어요. 데이노테리움의 상아는 일반 코끼리의 상아와 달리 수염처럼 아래쪽으로 길게 나 있거든요. 이런 주제로 영상을 만들려면 정확한 사진이나 그림이 필요하죠. 동영상 편집자나 일러스트레이터한테 어떠한 게 필요하다고 부탁을 하면 정확하지 않은 정보를 찾아오는 바람에 제가 다시 작업해야 하는 상황들이 계속 벌어졌어요. 하지만 잘못된 정보를 다룰 수는 없으니 번거로움도 감수했던 거죠. 유튜브 콘텐츠라는 게 기획에서부터 마무리까지 혼자서 작업하며 내가 원하는 대로 할 수 있다는 장점도 있지만 작업량이 적지 않은 게 사실입니다. 그런 만큼 끈기와 성실함이 중요하죠. 크리에이터라는 직업에 대해 앞으로 이 책에서 더 많은 이야기를 나누게 되겠지만, 유튜브 크리에이터를 꿈꾼다면 이 점도 명심하면 좋겠어요.

과학드림 [Science Dream]
For passing 100,000 subscribers
YouTube

 콘텐츠 한 편은 어떻게 만들까?

1. 주제 찾기 및 자료 조사

• 소요 시간: 2~3일

대중적이면서 평소에 생각해 보지 못한 주제를 찾고자 노력하는 편입니다. 물론 주제를 찾으면서 해당 주제를 뒷받침하는 근거 자료들이 있는지 확인하는 과정을 거쳐요. 아무리 흥미로운 주제라도 근거 자료가 빈약하다면 다루지 않습니다.

우리 몸에는 여러 개의 구멍이 있습니다.	- 스톡 영상 삽입 파일명: 01-우리의 몸에는 여러
눈구멍(?), 콧구멍, 귓구멍, 입구멍(?),	- 앞에 영상은 계속 나오면서 각 구멍에 해당하는 사진들이 4분할 되어 자막 순서대로 탁! 탁! 탁! 탁! 삽입된다.
그리고 저~ 아래쪽에 '똥구멍'이라 불리는 항문이 있죠.	- 스톡 영상 삽입 파일명: 01-아기 엉덩이 ('똥구멍'이란 멘트 나올 때 아기 엉덩이 쪽으로 zoom in)
그런데 한 가지 재미있는 사실은 우리(인간)의 몸은 발생 과정에서 입보다 항문이 먼저 나타난다는 겁니다.	- 스톡 영상 삽입 파일명: 01-발생과정(빨리 감기로 보여줄 것)
수정란이란 하나의 세포가 분열되면서 포배가 형성된 후	- 스톡 영상 삽입 파일명: 01-포배 형성(빨리 감기로 보여줄 것)
이렇게 한쪽이 움푹 들어가면서 함입되는데요(원구 형성). 인간의 경우, 먼저 움푹 들어가는 쪽이 항문이 되고 나중에 반대쪽에서 입이 만들어지죠.	- 구겨진 종이 배경 - 포배 그림 그려진 후 "한쪽이 움푹 들어가면서~" 멘트 나올 때 화살표 그려진 후 원구 그림이 그려진다. (움푹 들어간 쪽에 text로 '원구'라고 적기) - 세번째 그림이 그려진 후, 원구에서 화살표가 이어지고 '항문' 그림 삽입

2. 스크립트 작성

• 소요 시간: 2~3일

찾아 둔 자료를 바탕으로 내용을 구성하는데, 보통 시간 순서로 구성합니다. 하나의 주제를 두고 어떤 가설들이 등장해 왔는지 시간 순서에 따라 보여 주면 시청자 입장에서도 좀 더 집중해서 보는 것 같더라고요.

3. 스토리보드 작성

• 소요 시간: 2일

문장마다 어떤 이미지가 들어가면 좋을지, 영상이 어떻게 이어지면 좋을지 구성하는 단계예요. 제가 디자인을 전공하지 않아서 그런지 스토리보드 작성이 어렵게 느껴지더라고요.

4. 녹음 및 영상 편집

• 소요 시간: 4일

완성한 스크립트를 제 목소리로 직접 녹음하는데 보통 집에서 합니다. 지루함을 덜기 위해서 최대한 높은 텐션으로 빠르게 녹음하는 편이에요. 내래이션을 넣고 스토리보드에 맞춰 영상을 편집합니다.

5. 섬네일 제작 후 업로드

• 소요 시간: 1일

영상의 내용을 관통하는 섬네일과 제목을 구성하는 게 중요합니다. 그런데 많은 사람들이 섬네일을 잘 만들어야 한다는 생각 때문에 포토샵과 같은 전문 프로그램을 많이 사용하는데, 저는 그냥 파워포인트로 만들어요. 물론 예쁘게 만들면 좋겠지만 그것보다는 주제를 얼마나 잘 담고 있느냐가 중요하거든요.

2. 크리에이터를 꿈꾸는

여러분에게

우선 채널을 시작하게 된 과정에 대해서 말씀드릴게요. 『과학소년』의 기자로 짧지 않은 기간 일하면서 보람도 컸지만, 동시에 글 쓰는 것 말고 다른 작업을 해 보고 싶다는 열망이 생겼습니다. 다르게 표현하면 나의 능력을 보여 줄 수 있는 또 다른 방식이 있으면 좋겠다고 고민했다고 할까요? 회사를 옮기는 것도 고민하게 되었고요. 그때가 마침 남녀노소 가릴 것 없이 영상 콘텐츠를 즐기는 분이 크게 늘어났던 시기인 만큼 내가 하고 싶은

▶▶ 실버 버튼은 구독자 수 10만 명이 넘으면 받을 수 있다.

이야기, 할 수 있는 글쓰기를 영상을 통해 펼쳐 낸다면 더 많은 분들에게 가 닿을 수 있겠다고 판단했죠. 그래서 오래 고민하지 않고 채널을 만들게 되었습니다. 회사를 다니던 중에 영상 만드는 방법을 독학하면서 정말 열심히 했어요. 과학드림 채널을 시작한 무렵 저의 목표는 수익 창출이 가능한 수준으로 구독자를 모으는 것이었죠. 수익 창출을 하려면 구독자 1,000명, 시청 시간 4,000시간을 달성해야 해요. 저는 3개월 정도가 지나서 그 목표를 달성했습니다. 구독자 1,000명을 달성하고 수익 창출 승인을 받았던 날 눈물을 흘렸던 기억이 나네요. 그리 긴 시간은 아니지만, 회사를 다니면서 영상을 만들었고, 채널이 꼭 잘됐으면 하는 압박감이 있었기 때문에 저는 이 3개월이 참 힘들었습니다.

이후에는 성장이 빨랐어요. 채널을 시작하고 9개월 만에 구독자를 20만 명이나 얻었으니까요. 사실 예상치 못했던 일기도 하고 채널이 인기를 끌기 시작하는데도 크리에이터를 직업으로 삼아도 될까 많이 망설여졌어요. 아이가 태어날 때쯤이어서 가족을 책임지는 가장으로서 안정적인 수입이 보장된 직장을 포기한다는 것도 쉽지 않았으니까요. 하지만 내가 더 잘할 수 있는 일을 하는 게 맞다는 생각이 들어 결국 회사를 그만두고 전업 크리에이터가 되었습니다.

30만 구독자가 생겼을 때쯤에는 구독자가 잘 늘지 않아서 고민하기도 했죠. 그런데 사실 저는 50만 구독자가 생물학·고생물학 분야의 최고 수준이라고 생각했기 때문에 100만 구독자가 넘었다는 사실이 아직도 믿기지는 않습니다. 주변에서는 '우와' 하고 감탄하기도 하지만, 사실 제가 하는 일이 크게 달라지진 않았어요. 제가 하는 일은 구독자 20만

▶▶ 고생물학은 인류가 지구에 나타나기 전까지의 동물을
화석을 가지고 연구하는 학문이다.

일 때와 100만 일 때가 거의 똑같거든요. 물론 구독자 숫자 덕분에 강연 요청 횟수가 많아지거나 타 유튜브 채널에 출연하는 기회가 많아지는 등의 효과는 있었던 것 같아요. 또, 채널이 커지면서 굿즈(기획 상품)를 판매하는 계획을 세우는 등의 다채로운 수익 경로를 확보할 수 있게 됐다는 장점도 있고요.

제가 크리에이터가 되고 싶다는 분명한 꿈을 가지고 크리에이터가 된 것은 아니라서 이런 제 이야기를 들으며 실망할 분들도 있을지 모르겠네요. 그런데 저는 이 책을 읽을 청소년 분들께 드리고 싶은 말이 있어요. 앞으로 어떤 방향으로 나아 갈지 고민할 때, 딱 한 가지 길을 정해야 한다는 생각이 들어 조바심 느끼는 분들이 많을 거예요. 그런데 일을 하다 보면 한 가지 일만 평생 하는 사람들은 거의 없습니다. 많은 사람들이 다른 직장으로 옮기기도 하고 완전히 다른 분야에서 일을 새 롭게 배우는 등 다양한 방식으로 자기 진로를 탐색해 가거든 요. 그러니 일단 두려워 말고 용기를 내어 여러 경험을 해 보 았으면 좋겠습니다.

광활한 유튜브의 세계에서 본인의 채널이 갖는 매력이 무엇이었다고 생각하시나요?

제 채널의 장점은 아무 래도 쉬우면서도 재미있다는 것이 아닐까요? 아까도 말씀드 렸지만 저는 만화 같은 영상을 지향하고 있어요. 과학 전문 채널이라고 해도 다 콘셉트가 다릅니다. '긱블'처럼 실험과

메이커 위주로 운영되는 채널이 있는가 하면, '안될과학'처럼 교수님들을 모셔서 강의 형태로 콘텐츠를 진행하는 채널이 있죠. 저는 화려한 말 재주나 기발한 상상력이 있는 것은 아니지만 그렇기 때문에 누구나 재미있어할 만한 것들을 성실하게 탐구하려고 하는 편입니다. 매번 잘하려고 하기보다도 구독자와 약속했으니까 매주 정해진 시간에 업로드를 하겠다는 식으로 결심을 다지고 꾸준하게 콘텐츠를 만들었던 게 큰 힘이 되었던 거 같아요. 그리고 과학 채널을 보는 사람

들은 재미있는 콘텐츠를 원하는 동시에 정확하고 믿을 수 있
는 정보를 다루는지도 중요하게 생각하는 편인데, 그런 점에
서 실수가 없도록 열심히 체크하고 있습니다. 성실성은 유튜
버뿐 아니라 어떤 일을 하셔도 중요한 가치일 거예요. 구독자
와 약속했으니까 매주 무슨 요일 몇 시에는 업로드를 하겠다
는 결심을 스스로 정하고 꾸준하게 한다면 언젠가는 분명 많
은 구독자와 만나게 됩니다. 다시 말하지만 '근성맨'이 되는
게 제일 중요합니다.

　　　　　　　　　　　　　　　　사실 저는 소통을 잘
못하는 과학 유튜버 중 한 명입니다. 온라인으로 소통하는 방
법을 잘 모르기도 하고요. 하지만 필요하다고 생각해요. 그래
서 최근에는 실시간 방송을 하면서 시청자들과 좀 더 가까워
지려고 노력하고 있습니다. 그런 라이브 콘텐츠를 응원해 주
시는 분들도 계시고, 비판적인 분들도 있습니다. 그래도 종종

라이브를 통해서 시청자분들에게 친근하게 다가가려고 노력 중입니다. 이처럼 자신이 할 수 있는 방식은 사람마다 다 다를 텐데, 어쨌든 시청자와 진심으로 가까워지려는 시도는 통한다고 생각합니다. 가깝게 소통할 수 있다는 점이 유튜브라는 매체가 가진 장점이자 매력이기도 하잖아요.

어떤 영상이 인기를 끌지 만들면서 예측이 가능하신가요?

과학드림 채널의 영상 중에서는 1,000만 명이 넘게 본 영상도 있고, 500만 명이 넘게 본 영상도 여럿 있는데요, 저도 어떤 영상들이 어떻게 인기를 끌게 되는지는 모르겠어요. 이것은 기자로 일할 때부터 계속 고민해 온 것이기도 합니다. 콘텐츠를 기획하고 만드는 사람들은 모두 고민하는 문제일 거예요.

초기에는 공룡에 관한 콘텐츠들을 많이 만들었습니다. 여러 주제 중 공룡에 관한 것들이 반응이 좋았기 때문이죠. 그런데 계속 공룡에 관한 것만 만들다 보면 소제가 고갈되기도 하고 자칫 공룡 전문 채널처럼 보일 수도 있잖아요? 제가 공룡 전문가가 아니기도 하고 하나에 집중하는 것은 위험이 크다고 생각했죠. 그래서 유전자, 신기한 동물, 우리 주변에 있는 동물의 진화 과정 등 대중들에게 익숙한 것들이 무엇인지 고민하면서 주제를 계속 확장해 나갔던 것 같습니다. 앞서 언급했지만 주제는 다양할지라도 익숙하면서도 새로운 무언가를 담아내려고 했죠. 사람들에게 어느 정도 익숙한 소재가 인기를 얻기 쉽다고 생각했거든요.

한 가지 떠오르는 일화가 있는데요, 2022년에 만든 고인류 '호모 날레디' 영상은 처음 주제를 잡았을 때부터 고민을 많이 했습니다. 저도 전에 들어 본 적도 없었을 만큼 널리 알려지지 않은 주제인데 사람들이 이것을 궁금해 할까 싶었어요. 한마디로 '마이너'하다고 할까요? 하지만 제 우려와는 다르게 200만 명 이상이 봐 주실 만큼 인기를 끌었죠. 저는 이 영상을 계기로 특별한 놀라운 자극이나 반전을 주지 않더라도 신선한 주제라면 인기를 얻을 수 있다는 것을 알게 됐지만 아직도 어떤 영상이 어떻게 인기를 끄는지 정확히는 잘 모르겠습니다. 인기를 끄는 데에는 정해진 법칙 같은 게 있는 것은

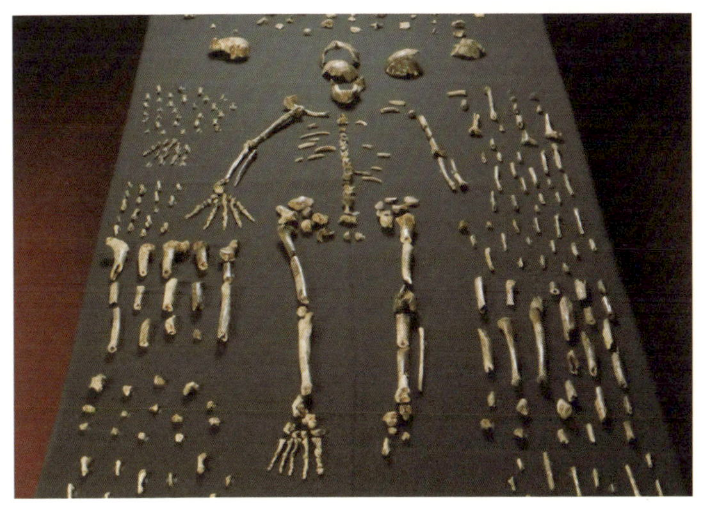

▶▶ 호모 날레디 화석. 호모 날레디의 평균 신장은 140센티미터 정도였다.

아닌 거 같습니다. 트렌드는 워낙 빠르게 변하니까요. 이처럼 콘텐츠를 만들 때는 '이걸 사람들이 왜 좋아할까?' 스스로 질문하면서 배워 나가는 것도 중요한 일 같습니다.

제가 채널에서 많이 다루는 고생물학이나 지구 과학 분야가 사회적 사건과 연관성이 큰 편은 아니기 때문에 주제를 잡을 때도 사회적 이슈와 연결시키는 경우는 드뭅니다. 하지만 '타이밍'을 맞추는 건 좋은 전략이 되기도 합니다. 제 영상 중에서는 바이러스 관련된 영상이 가장 대표적이겠네요. 코로나19 바이러스가 몇 년 동안 계속 인류 전체에 큰 영향을 미쳤기 때문에, 바이러스 관련된 영상은 인기가 많았던 것 같고 백신을 다룬 영상도 같은 이유로 주목을 받았던 듯해요.

기사와 영상은
어떤 점이 비슷하고 어떤 점이 다른가요?

전반적으로는 비슷합니다. 제가 유튜버로서 하는 일의 90퍼센트 이상이 과학 잡지를 만들 때 얻은 역량에서 비롯되는 것 같다고 느낄 정도로요. 과학 잡지의 경우 가장 먼저 주제를 정하고, 자료를 조사하고, 원고를 쓰고, 원고에 필요한 그림이 있으면 일러스트 작가한테 발주를 합니다. 이와 같은 흐름은 영상을 만들 때도 크게 다르지 않습니다. 제작 과정뿐만 아니라 포장하는 방식도 비슷하다고 느낄 때가 있어요. 잡지의 기획 기사 앞에 제목과 간략한 소개 글을 적은 표제지가 들어가듯 유튜브에서는 섬네일이 있습니다.

여러분이 유튜브에서 어떤 콘텐츠를 보려 하는 상황을 생각해 봅시다. 홈 화면에는 알고리즘에 의해 여러 영상들이 나란히 표시될 거예요. 시청자분들은 제목과 섬네일만 보고 그중 하나를 선택하게 됩니다. 그러니 섬네일은 굉장히 중요합니다. 섬네일을 만들 때는 최대한 간단명료하게 콘텐츠에서 다루고 있는 가장 중요한 내용을 하나 내세워야 합니다. 그런데 이게 생각보다 어려워요. 저는 콘텐츠에서 여러 가설을 다루는 편이다 보니 영상에서 다루는 내용이 하나가 아닌 경우가 많습니다. 하지만 어렵더라도 무엇이 가장 중요하면서도 흥미로운 내용일지 정리해야 합니다. 그다음에는 주제를 가장 잘 드러내는 한 장의 사진이나 일러스트를 찾습니다. 최근 유튜브에서 이런 고민을 덜어 주는 신기능이 생겼어요. 섬네일을 세 개까지 등록하면 유튜브가 알아서 여러 사람들에게 섬네일을 골고루 노출시켜 주면서 어떤 섬네일이 가장 많은 클릭을 발생시키는지 인공 지능이 분석하는 겁니다. 이후 클릭이 가장 많이 발생한 섬네일이 대표로 확정됩니다.

잡지와 영상 사이에는 차이점도 분명 있습니다. 제 생각에는 대본이 가장 다른 거 같아요. 영상을 위한 대본은 이미지를 상상해 가면서 언제 어디에 어떤 사진을 넣을지 염두에 두고 작성해야 합니다. 이를 위해서는 "이 그림을 보면 어떠어떠한 것이 보이죠."라거나 "한번 가까이 가 볼까요."라는 식으로 내레이션과 영상이 잘 연결되도록 유의해야 합니다. 한 문장 한 문장도 그렇지만, 글 전체의 흐름도 영상의 흐름을 신경 써야 해요. 효과음이나 배경 음악도 중요하고요.

기사를 쓸 때와 영상을 만들 때 생각하는 독자나 시청자는 어떻게 다른가요?

영상이든 글이든 콘텐츠를 만들 때 타깃을 어떻게 정하는지도 중요한데요. 제가 과학 잡지에서 일했을 때 초등학생들이 볼 만한 책들은 많지만 중학생, 고등학생들이 볼 만한 과학책이 별로 없다는 생각을 했어요. 중·고등학생들이 볼 만한 게 생각보다 없으니 한번 영상으로 만들어 볼까 하는 생각이 들었죠. 그리고 어른들이 과학 콘텐츠를 찾는 이유 중 하나는 청소년기의 궁금증을 해소하기 위해서이기도 합니다. 생각해 보세요. 여러분도 어렸

▶▶ 국립과천과학관 '미래상상SF관'을 관람하는 학생들.

을 때부터 얼마나 궁금한 게 많았나요? 달은 왜 계속 나를 쫓아오는지, 외계인은 정말 존재하는지, 무수한 별이 있다면서 밤하늘은 왜 이렇게 어두운지, 공룡의 피부는 어떨지 등등 궁금증을 다 해결하지 못한 채 자라 온 지금, 어린 시절 품었던 질문에 누군가 답을 말해 준다면 정말 좋지 않겠어요? 중·고등학생이 봤을 때 이해하기 어렵지 않다면 과학을 아주 좋아하거나 전공을 하지 않은 성인들이 봐도 무리 없이 즐길 수 있을 것 같기도 했고요. 그래서 청소년에게 호응이 좋은 콘텐츠가 성인들에게도 인기 있는 경우가 많습니다.

제가 원래 하던 일은 글 쓰는 일이었잖아요. 다른 많은 일도 그렇습니다만 글 쓰는 일도 오랫동안 한다고 쉬워지지 않습니다. 저는 미술이나 디자인에 뛰어난 사람이 아니라서 영상을 만들면서도 그림을 배치할 때, 화면을 전환할 때 어떻게 하면 좋을지 많이 고민합니다. 몇 년간 해 왔지만 영상의 만듦새에 있어서는 부족하다는 생각도 많이 하고요. 크리에이터라고 하면 많은 사람에게 사랑받는 화려하고 멋진 모습만 생각할 수도 있을 거 같은데요, 아까도 이야기했지만 영상 편집은 손이 많이 가는 작업이에요. 어떤 부분은 아무리 해도 힘들고 번거롭습니다. 어떤 일을 하든 힘들고 어려운 부분은 있을 거예요. 다만 오랫동안 경험이 쌓이면 최소한 마감 기한을 맞출 수 있는 정도까지는 숙련되는 거죠. 그런 어려움들을 마주하는 연습도 해 봐야 늡니다. 여러분도 처음 시작할 때 너무 어렵다고 느껴져서 내 길이 아닌 거 같다고 포기하기보다는 그래도 몇 번 시도하면서 경험치를 쌓아 가면 좋겠습니다.

유튜버를 하는 데 있어서
적합한 성향이 있을까요?

여러 차례 강조하지만 성실함을 갖추는 일이 무엇보다도 중요합니다. 하지만 그 외에도 여러 자질이 필요하죠. 예를 들어서 날카로운 댓글에 초연할 수 있는, 흔히 얘기하는 '강철 멘탈'인 사람들이라면 댓글 하나하나에 일희일비하지 않을 수 있으리라 생각합니다. 하지만 유튜버에 맞는 적성이 따로 있다고 생각하지는 않습니다. 일단 저부터가 길 가다가 마주칠 수 있는, 그야말로 평범한 사람이에요. 그렇지만 평범한 사람이야말로 평범한 사람의 마음을 잘 알 수 있다고 생각해요. "어떤 콘텐츠를 만들면 스스로가 재미있게 볼 수 있을까?" 하는 시청자의 눈으로 만들어 낸 콘텐츠가 평범한 사람들에게 잘 전해지는 것 같아요. 그러니 평범함은 정말 훌륭한 재능이지요.

신기하고 눈에 띄는 기획을 만들기 위해 노력하는 것도 좋지만 아무리 노력해도 매번 엄청난 기획을 만들 수는 없어요. 많은 사람들은 아침에 일어나서 학교에 가거나 직장에 가서 일을 하는 등 비슷한 일과를 보낸 후 집에 돌아옵니다. 그러곤 약간 피곤한 상태에서 재밌는 걸 보며 쉬고 싶어 해요. 그럴 때 클릭할 수 있는 영상이라면 어떤 내용이어야 할까요? 이렇듯 평범한 사람의 관점에서 접근하면 많은 사람이 공감하는 콘텐츠를 만들 수 있겠죠.

다시 말하지만 저는 크리에이터가 되기에 적합한 적성이라는 게 따로 있다고 생각하지 않아요. 하지만 막상 영상을 만들다 보면 어떤 영상은 조회 수가 금방 올라가고 어떤 영상은 조회 수가 느리게 올라갈 수밖에 없지요. 그럴 때마다 일일이 반응하면 본인이 가장 힘듭니다. 그런 면에서 초연하고 대범한 성격이라면 크리에이터가 되기에 아주 좋은 재능을 타고난 게 아닐까 해요.

이런 질문을 많이 받아요. 예를 들면 "저 지금 유튜브 해 볼까요?" "제가 요리를 좋아하는데 영상으로 만들어 볼까요?" "언제 유튜브를 시작하는 게 좋아요?” “유튜브를 어떻게 시작하는 게 좋아요?” 같은 질문들이요. 답변을 드리자면 ‘그냥’ 해야 합니다. 해 볼까, 해도 될까 고민하지 말고 그냥 하는 겁니다. 시간도 너무 많이 뺏기고 너무 어렵다거나 도저히 못하겠다 싶으면 안 하면 됩니다. 학생이면 취미로 시작한 거잖아요. 취미는 말 그대로 좋아서 하는 거고 좋아하는 마음이 유지돼야 하는 거죠. 너무 힘들기만 하고 나한테 전혀 즐거움을 주지 않는다면 그만둬도 됩니다. 그런데 “유튜브를 해 볼까요 말까요?”라거나 “어떻게 할까요?”라는 질문에는 답하기 어려워요. 막상 해 보지 않으면 모르는 문제이기 때문에 제가 어떤 대답을 해도 의미가 없는 것 같습니다.

유튜브를 시작하는 데 필요한 게 있다면 사실 실행력밖에 없습니다. 스마트폰만 있어도 영상을 찍고 편집할 수 있으니까요. 뭘 하든 마찬가지인 것 같아요. 너무 길게 뜸을 들이지 않아야 합니다. 물론 그런 질문을 하는 이유도 이해할 수 있어요. 어떻게 해야지 안전한 길로 갈 수 있을까를 알고 싶으실 테니까요. 이 사람은 멀리까지 가 봤으니까, 지금 100만 구독자를 보유하고 있으니까 검증된 길을 알고 있을 거라고 생

▶▶ 콘텐츠를 만들기 위해서 꼭 좋은 장비가 필요한 것은 아니다.

각할 수도 있죠. 사실을 말하자면, 미래를 알고 시작하는 사
람은 없습니다. 저도 그랬고요. 그냥 해 볼까 하는 생각이 들

었을 때 해 보는 거예요. 그러지 않으면 몇 년이 지난 다음에 "그때 해 볼걸." 하며 후회할 수도 있어요. 그러지 마시고 생각이 들었을 때 그냥 한번 시작해 보세요. 팟캐스트 방송을 만들어 보고 싶다면 녹음을 해 보고, 동영상을 만들어 보고 싶다면 동영상을 만들어 보는 거고요. 블로그를 시작하고 싶다거나 글을 써 보고 싶다면 써 보는 겁니다. 그런데 막상 해 보니 재미가 없고 흥미가 없고 나한테 별로 안 맞는 것 같다면 그때 가서 그만둬도 괜찮습니다. 실패하더라도 일단 해 보면 그게 경험이 되거든요. 해 봐야지 나중에 후회도 안 할 수 있어요. 그런 점을 꼭 기억해 줬으면 좋겠습니다.

블로그 글이든 기사든 유튜브 영상이든, 다른 사람에게 보일 콘텐츠를 만들다 보면 알게 되는 게 한 가지 있습니다. 남들이 떠올리지 못한 기발한 이야깃거리를 생각해 내는 일은 멋지지만, 실제로 많은 사람들이 공감하고 호응하는 것은 아주 평범한 발상과 평범한 고민이라는 사실입니다. 일상에서 솟아나는 작은 호기심은 누구에게나 비슷하게 작용하는 법이거든요. 누구나 느낄 법한 작은

호기심을 탐구하는 마음은 큰 재능이 될 수 있습니다. "너도 이게 궁금해? 나도 야!"

콘텐츠를 만들어 내는 사람에게 평범함이 보물과 같은 재능일 수 있다면, 나 자신과 약속한 대로 매일매일 꾸준히 해 나가는 성실성은 콘텐츠를 만드는 사람에게도, 만들지 않는 사람에게도 값진 재능입니다. 지금 우리는 인생이라는 긴 마라톤의 초입에서 막 달리기 시작했는데요, 이 경주에서 가장 중요한 것은 잠깐 멈추어 쉬더라도 포기하지 않는 정신입니다. 성실함은 화려한 재능은 아닐지 모르지만 시간이 흐를수록 큰 이자가 붙는, 자신을 위한 가장 중요한 가치입니다.

크리에이터는 불안정한 직업이라는 점에서 걱정하는 학생들에게 들려주실 말이 있으신가요?

영상 플랫폼에서 얼마나 트렌드가 빨리 바뀌는지는 여러분이 더 잘 알고 계시리라 생각합니다. 매일같이 새로운 챌린지가 뜨고, 새로운 유행이 등장하죠. 영상의 길이나 형식 면에서도 트렌드가 빠르게 바뀝니다. 그래서 당장 5년 뒤에 이 시장이 어떻게 변할지는 잘 모르겠습니다. 하물며 그 이후는 더 모르겠고요. 그렇기 때문에 유튜브 크리에이터 자체가 유망하다든가, 하면 좋다든가 하는 말을 힘주어 하기는 어렵지만 내가 좋아하는 분야의 콘텐츠를 만들고 싶다는 마음을 가지고 있다면 꿈꿔 봐도 좋다고 생각합니다. 다만 그 형식이 글이 됐든 영상이 됐든 라디오 방송이 됐든 상관없다고 생각해요. 크리에이터라는 일에서 중요한 건 내가 세상에 무엇을 전달하고 싶은지인 거 같습니다. 자신만의 콘텐츠가 있는 사람이면 그 콘텐츠를 어떤 방식으로 내보내느냐의 차이가 있을 뿐이에요. 과학에 대한 지식이 있고 그 지식을 알기 쉽게 전달할 수 있는 능력을 갖춘 사람은 글을 쓸 수도 있는 것이고 영상을 만들 수도 있는 것이고 시대에 맞는 새로운 방식으로 스스로 하고 싶은 이야기를 펼쳐 보는 거죠.

**그럼 내가 무슨 말을 하고 싶은지는
어떻게 발견하면 좋을까요?**

친구들과 이야기를 나

눌 때 주로 무슨 얘기를 많이 하는지 그리고 어떤 이야기를 할 때 가장 신나서 시간 가는 줄 모르고 대화하는지, 또 친구들이 내가 어떤 이야기를 할 때 가장 재미있어하는지 곱씹어 생각해 보세요. 그게 정답입니다. 자신이 좋아하고 잘 아는 것이어야 듣는 사람도 재밌게 들을 수 있어요. 좋아하는 주제가 유달리 특별해야 하는 것도 아닙니다. 아이돌이나 게임같이 흔한 주제도 괜찮죠. 다만 흔한 주제라면 내가 어떤 부분에 특히 초점을 맞추는지를 고민해 보면 좋아요. 더불어 내가 논리적인 전개를 좋아하는지 감정적인 전개를 더 좋아하는지 생각해 보면 콘텐츠의 톤을 정하는 데에 큰 도움이 될 겁니다.

3. 과학의

매력 속으로

저는 과학에 이야기가 있다고 생각합니다. 하나의 사실이 밝혀지기까지 엄청나게 많은 시도와 실패의 과정이 있지만 학교에서는 정립된 사실 한 줄만 배우는 경우가 많습니다. 그래서 과학이 재미있다고 생각하기 힘들기도 하고요. 하지만 사실 그 과정에는 재미있는 이야깃거리들이 많습니다. 과학은 훌륭한 드라마죠. 또, 과학은 상상력의 근원이 되기도 하고, 여러 분야의 콘텐츠를 확장시키는 원동력이 되기도 하는 것 같아요. 예를 들어 인류가 블랙홀에 대한 과학적 사실들을 발견하지 못했다면 「인터스텔라」 같은 영화가 나올 수 없었을 테죠. 유전자에 대한 연구가 없었다면 「쥬라기 공원」 같은 영화가 나올 수 없었을 거예요. SF 소설들은 말할 것도 없고요. 과학의 발전과 더불어 상상력도 함께 발전한다는 생각도 듭니다. 이런 게 바로 과학의 매력이 아닐까 싶습니다.

과학드림 채널에는 '과학은 세상을 보는 창'이라는 부제가 있습니다. 이 부제는 제가 기자로 일했을 때 경험 덕에 만들 수 있었어요. 과학의 대중화에 힘쓰는 서강대 화학과의 이덕환 교수님을 취재한 적이 있는데, 이덕환 교수님께서 평소에 과학은 세상을 보는 창 같다는 말씀을 많이 하셨죠. 과학이라는 틀로 사회에서 벌어지는 현상을 바라보면 기존의 시각과 다른 관점을 얻을 수 있다고요. 그 문장이 마음에 들어서 채널의 부제로 썼어요. 짧지만 과학이 지닌 매력을 관통하면서도 멋스러운 문장이었거든요. 제 채널을 찾아 주시는 분들에게도 과학이 좋은 역할을 했으면 좋겠네요.

선생님이 좋아하시는
과학 이야기가 궁금해요.

저는 어렸을 때부터 특히 고래 이야기가 재미있었습니다. 고래가 포유류라는 것은 다들 잘 아실 텐데요, 바다에 포유류가 산다는 사실 자체도 그렇지만 그 옛날 육지에 살던 포유류가 어떻게 바다로 갔는지 생각해 보면 참 신기해요. 좋아하는 만큼 제 채널에는 고래에 대한 영상이 여러 편 있습니다. 그중에서 '옛날 옛적, 고래가 걸었던 시절의 이야기'라는 영상을 예로 들어 볼게요. 현존하는 고래 중 가장 큰 종인 대왕고래는 46억 년 지구 역사상 가장 큰 동물입니다. 대왕고래의 몸길이는 20미터, 무게는 100톤 이상이에요. 그런데 시계를 약 5,000만 년 전으로 되돌려 보면 바다에서는 고래를 찾아볼 수가 없어요. 고래의 조상은 바다에 살지 않았기 때문입니다. 고래의 조상으로 꼽히는 동물은 파키케투스라는 작은 육상 포유류예요. 그런 이야기들이 여전히 매력적이고 가슴을 뛰게 합니다.

저는 이처럼 커다란 생물에 호기심을 갖는 편입니다. 거대한 것에 호기심이 생기는 이유가 무엇일지 생각해 본 적 있는

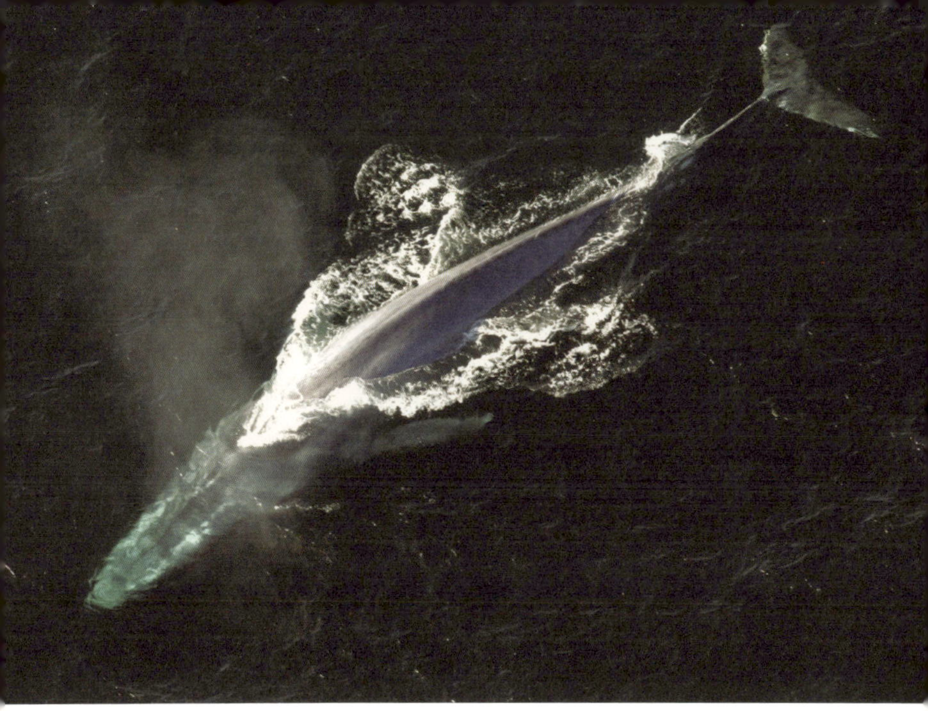

데 제 생각엔 아마 두려움이 커서인 것 같아요. 두려움이 호기심으로 이어지는 거죠. 이런 이야기를 좋아하는 사람이 저뿐만은 아닌지 고래나 공룡 같은 거대 생물에 관한 콘텐츠는 조회 수도 상대적으로 높은 편입니다. 우리 인간은 큰 것뿐만 아니라 눈에 보이지 않는 아주 작은 세계에도 호기심이 많은 것 같습니다. 미시 세계 관련 콘텐츠도 인기가 많거든요.

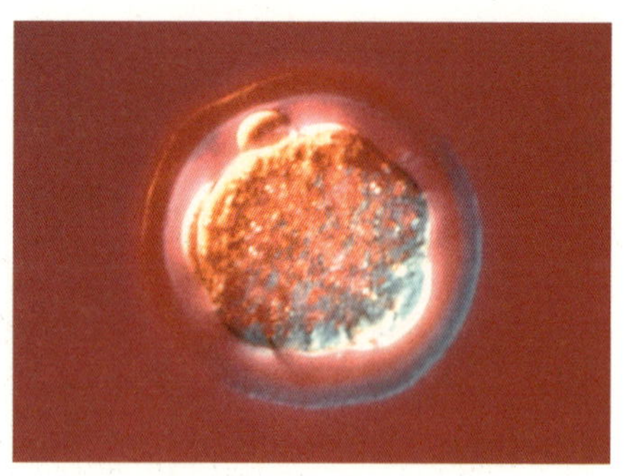

미시 세계의 이야기도
궁금하네요.

눈에 보이지 않는 것 중 가장 잘 알려진 건 바로 '세포의 세계'가 아닌가 싶어요. 끽해야 100마이크로미터밖에 안 되는 하나의 세포 안에서 수많은 일들이 일어나고 있습니다. 세포막에서는 호르몬과 같은 다양한 물질을 받아들이고 있고, 세포의 핵 안에서는 DNA에서 필요한 정보만을 골라 mRNA로 만들고 있으며, 또 소포체 등에서는 이런 정보를 바탕으로 단백질을 만들고 있죠. 그뿐이겠어요. 세포 안에는 세포의 수명이 다하면 스스로 자멸하게끔 만드는 시스템도 있고, 특정 병원균에 반응하는 항체를 만드는 등의 방어 시스템도 구축하고 있죠. 그리고 산소와 영양소를 바탕으로 우리 몸에 꼭 필요한 에너지를 만드는 미토콘드리아라는 소기관도 있어요. 이토록 작은 세포 하나에 마치 하나의 생명체나 다름없는 시스템이 모여 있다는 사실이 정말 신비롭지 않나요?

'왜?'라는 궁금증을 자주 느끼나요? 그렇다면 그 호기심을 소중히 여겨 주세요. 우리를 둘러싼 아주 작거나 아주 큰 세계에 대한 관심이 어쩌면 미래 직업을 결정지을 수도 있으니까요. 아주 작거나 아주 큰 세계에 대한 관심은 세계에 대한 본질적인 의문이기도 합니다. 우리는 어디에서 왔을까? 신체는 무엇으로 만들어졌을까? 만들어진 성분은 인류가 크게 다르지 않은데 왜 사람들은 서로 이렇게나 다른 것일까? 질문이 이어지고, 그에 답하기 위해 공부할수록 우리는 자신보다 더 큰 세계를 향해 모험을 떠나게 됩니다. 꼭 과학만이 여행을 떠나는 통로가 되는 것은 아닙니다. 압도하는 느낌을 주는 예술 작품에 대한 탐닉, 인간관계와 심리에 대한 추구 등도 삶을 바꾸는 비밀스러운 열쇠가 됩니다.

과학을 가까이하면
인생에 도움이 되는 지점도 있을까요?

과학을 가까이하다 보면 합리적으로 판단할 수 있는 힘이 길러집니다. 과학은 여러 세대에 걸쳐 이루어지는, 합리적인 추론과 논리적인 사고에 의해서 도출된 학문이니까요. 예를 들어 멘델 이전에는 유전 현상을 일으키는 '유전자'에 대한 개념이 모호했어요. 처음으로 생물 진화론을 주창한 생물학자 찰스 다윈 역시 세대가 이어질 때 체내에 있던 여러 형질들이 물감처럼 섞인다고 생각할 정도였죠. 그러다가 멘델이 정수비로 유전이 이루어진다는 사실을 발견하면서 유전자가 물감 같은 게 아니라 일종의 '입자'라는 사실이 증명된 거죠. 만약 유전자가 물감 같은 것이었다면 유전이 정수비로 딱 나누어떨어지는 방식으로 이루어지지는 않았을 테니까요. 이후 현미경이 발명되면서 '세포'라는 존재를 알게 되고, 세포 안에 존재하는 DNA와 단백질 중에 어떤 게 유전 물질인지에 대한 논쟁도 있었는데요. 이 또한 여러 과학자들이 실험하고 추적한 끝에 DNA가 유전 물질이라는 사실을 밝혀낸 거예요. 이처럼 우리가 알고 있

▶▶ 멘델은 완두콩을 통해 유전 법칙을 발견했다.

는 모든 과학적 지식은 여러 차례의 논증 과정을 거친 것들입니다. 과학을 이해하고 배우는 과정 자체가 논증에 익숙해지는 과정이라고 말할 수도 있을 거 같아요. 과학을 가까이한다면 실생활에서 판단을 내려야 할 때 좀 더 합리적으로 판단할 수 있게 됩니다. 어떻게 하면 이번 시험에서 더 좋은 점수를 얻을 수 있을까? 어떻게 하면 친구와 화해할 수 있을까? 어떤 전공을 선택하면 좋을까? 과학과 전혀 상관없는 것처럼 보일

지라도 원인과 결과를 나누어 생각해 본다든지 여러 가지 계획을 세워 실천해 보고, 결과가 안 좋다면 무엇이 문제였는지 돌이켜 보는 등 합리적인 사고 과정이 문제 해결에 분명 도움이 될 겁니다. 이런 합리적 사고는 쉽게 생기는 것은 아니지만 과학을 가까이하다 보면 익숙해질 수 있고요.

그리고 과학을 통해 삶이 더 풍요로워지기도 해요. 우주로 눈을 돌려서, 하루는 밤에 별을 봤다고 가정해 볼게요. 천체물리학에 관심이 있다면 별 하나하나, 별자리 하나하나가 눈에 들어오겠죠. 밤하늘에 떠 있는 무수한 별들 중에서 어떤 별의 이름과 특성을 알고 있다면 그저 지나칠 수 있는 별 하나도 의미를 가지고 다가옵니다. 저는 개인적으로 베텔게우스라는 별을 좋아해요. 베텔게우스는 겨울철에 쉽게 볼 수 있는 별인데요, 어쩌다 베텔게우스를 하늘에서 발견하면 행복한 기분이 들죠. 베텔게우스에 관해서는 이야깃거리가 아주 많아요. 좀 더 설명하자면, 베텔게우스는 100년 안에 폭발할 수도 있는데 폭발하게 되면 태양만큼 밝게 보일 겁니다. 그러면 밤하늘에 달이 두 개가 될 수도 있고요. 그런데 베텔게우스는 지구와 아주 멀리 떨어져 있기 때문에 사실 이미 폭발했

▶▶ 가운데 붉게 빛나는 별이 베텔게우스다.

는데 그 빛이 아직 지구로 도달하지 않은 것일 수도 있습니다. 이처럼 베텔게우스에 대해 알게 되면서 별거 아닌 일상에 약간의 의미가 생기는 것 같아요. 삶의 세계관이 크게 확장된다고 할까요? 평범하게 일상을 살아가는 가운데에서도 과학이라는 프리즘이 있다면 일상보다 더 높은 차원에서 생각할 수 있게 되는 것 같습니다. 그러면 저는 삶이 좀 더 아름답고 신비로워지는 것 같더라고요.

그런데 과학을 좋아한다고 하면 아직은 괴짜 소리를 듣는 일이 많은 듯해요. 그런 시각은 없어졌으면 좋겠습니다. 과학도 교양입니다. 교양이라는 것은 쉽게 말하자면 알아 두면 좋은 지식이라는 것인데요, 지금은 많이 바뀌고 있지만 우리는 여러 학문 간의 융합과 통합을 외치면서 아직 예술과 인문학에만 교양이라는 명패를 달고 있는 건 아닐까요? 여러 사람들이 모인 자리에서 미술 작품이나 음악, 영화, 역사 이야기를 하면 '교양 있다'는 말을 듣지만, 과학 이야기를 하면 그렇지 않잖아요. 방송에도 자주 출연하는 물리학자 김상욱 교수는 교양이란 "앎으로써 자신을 성찰하고 성찰의 결과를 행동으로 이끄는 모든 지식"이라고 합니다. 이와 같은 맥락에서 생명을 바라보는 시각 등 인류의 보편적 가치관을 변화시키고 성찰을 이끌어 내는 과학 역시 교양이라고 말했지요. 저는 이 말이 정말 맞다고 생각합니다.

과학을 통해 세상을 바라보는 일의 놀라움을 알고 있나요? 많은 사람들에게 과학은 먹고사는 데 도움이 되지도 않고, 때로는 너무 멀고 어렵게 느껴지는 게 사실인데요. 과학드림 채널을 보다 보면, 인간은 이 지구와 지구 역사에서 아주 미미한 존재일 뿐이라는 사실에 경외감을 느낄 때가 있습니다. 지구가 지나온 시간을 생각하면 내가 지금 하는 고민은 아주 자그마하구나, 하고요. 혹은, 내 눈에 의미 없어 보이는 것들도 알고 보면 다 누군가의 필사적인 노력의 결과일 수 있겠다는 깨달음도 느끼지요. 식물 이름만 조금 배워도, 매일 학교 가는 길에 핀 꽃이 다르게 보입니다. 그냥 이름 모를 꽃이 아니라 계절에 따라 벚꽃이 피고, 철쭉이 피고, 장미가 피고, 무궁화가 저마다의 이름을 가지고 활짝 핀다는 사실을 경험할 수 있게 됩니다. 봄이 가고 여름이 온다는 사실을 화단이 달라지는 모습을 통해 알 수 있다면 더위와 추위에 짜증이 나기보다도 경이로움을 느낄 수 있을 테고요.

과학책이나 과학과 관련된 영상을 보면서 일상생활에 매몰되었던 정신이 환기되는 기분을 느낄 수도 있어요. 그 재미에 빠지다 보면 과학 콘텐츠 그 자체가 취미의 영역으로 들어오게 되지요. 그런데 내가 보고 싶은 과학 콘텐츠가 아무리 찾아도 보이지 않는다? 그렇다면 직접 만들어 보면 어떨까요? 여러 자료

를 찾아 과학적 사실에 근거한, 재미있고 새로운 과학 콘텐츠를요!

영감을 받은 책이나
인물이 있으신가요?

저는 최재천 교수님을 좋아합니다. 최재천 교수는 저명한 동물 행동학자로 다양한 분야의 책을 많이 썼습니다. 그분의 책을 읽어 보면 따뜻함이 느껴져요. 과학을 다루면서도 따뜻함을 느낄 수 있는 책은 그리 많지 않다고 생각합니다. 철저하고 과학적이면서도 감성이 짙게 배어 나오는 글쓰기라고 해야 할까요. 굉장히 재밌기도 하고요. 그래서 최재천 교수님의 책을 많이 읽으면서 나도 꼭 이런 글을 써 보고 싶다는 생각을 많이 했었어요.

그렇다면 지금에 와서
그 목표를 이루었다고 생각하시나요?

간혹 선택과 관련된 책

들을 읽다 보면, 최고의 선택은 없고 최선의 선택만 있을 뿐이라는 말들이 나오곤 합니다. 전 이 말이 참 좋은데, 이 말은 진화 생물학과 연결된 말이기도 해요. 자연계에 있는 동물들의 특정한 기관은 사실 최고라기보다는 그 당시 환경에서 최선의 선택이었거든요. 고래에게 아가미가 있었다면 가장 좋았겠지만, 당시 환경에서는 아가미라는 새로운 기관이 만들어지기보다는 콧구멍의 위치가 머리 쪽으로 이동하는 게 그나마 최선이자 또 그런대로 괜찮은 전략이었던 거죠. 인생에 걸친 여러 선택도 마찬가지인 것 같아요. "내가 한 선택은 최고는 아니더라도 당시 내가 처한 환경에서는 최선이었고, 선택했다면 그냥 내 선택을 믿고 노력해 보자."라는 식으로 생각하면 좋지 않을까요?

책이 주는 매력이 있어요. 우리가 영상을 볼 때는 멈추고 생각하는 경우가 거의 없잖아요? 그런데 책은 달라요. 한 줄 한 줄 읽다가 이해가 안 가면 잠시 앞으로 돌아가서 다시 살펴보기도 하고, 좋은 문장이 있으면 곱씹어 보기도 하고, 글로 쓰인 묘사를 보고 이미지를 상상하기도 하잖아요. 이렇게 생각할 시간을 준다는 게 책만이 가진 매력이 아닐까 싶습니다.

책과 가까워지는 가장 좋은 방법은 만화책부터 시작하는 거라고 생각해요. 어려울지라도 만화로 보면 재미가 있거든요. 흥미를 잃지 않아야 그 분야에 탐닉할 수 있게 된다고 생각합니다. 그런 맥락에서 조진호 작가의 '익스프레스' 시리즈(위즈덤하우스 2016~21)는 스토리텔링이 매우 잘되어 있는 건 물론이고 내용의 깊이가 남다릅니다. 유전자 발견의 여정을 흥미진진한 모험 이야기로 승화시킨 『게놈 익스프레스』, 중력을 둘러싼 과학사를 살펴보는 『그래비티 익스프레스』, 현대 과학의 핵심적 주제인 원자의 실체를 추적하는 『아톰 익스프레스』, 진화의 비밀을 파헤치는 『에볼루션 익스프레스』 총 4권이 출간되어 있어요. 이 중 『그래비티 익스프레스』는 고대부터 현대에 이르기까지 사람들이 어떻게 중력을 인식했는지를 흥미진진하게 보여 줍니다. 중력은 아래로 떨어

▶▶『그래비티 익스프레스』

지는 현상이기도 하고 중심 방향으로 잡아당겨지는 현상이
기도 했으며 물질끼리 끌어당기는 현상이기도 한데요, 이것
이 모두 중력 때문에 일어나는 현상이라는 걸 알게 된 지는
생각보다 오래되지 않았습니다. 이 책은 시대별로 중력에 대
한 인식이 달라지며 과학계 전반에 어떤 영향을 미쳤는지를
이야기 형식으로 배울 수 있게 도와주죠.

조금 전에 언급한 최재천 교수의 『생명이 있는 것은 다
아름답다』(개정3판 효형출판 2022)와 칼 세이건의 『코스모

스』(1980, 한국어판 사이언스북스 2004)도 추천할 만합니다. 『생명이 있는 것은 다 아름답다』는 동물 사회의 여러 면모를 설명하면서 그를 통해 인간이 배울 점이 무엇인지 이야기합니다. 여러 동물 중에서도 특히 개미 사회를 아주 사실감 있게 표현하고 있죠. 개미가 아주 작고 어디에나 있으니 하찮다고 생각할 수도 있겠지만 놀라울 정도로 조직화된 개미 사회를 통해 우리 인간 사회를 되돌아볼 수 있습니다.

개미 이야기가 나와서 말인데 베르나르 베르베르라는 소설가가 『개미』(1991, 한국어 개정판 열린책들 2023)라는 아주 유명한 소설을 쓰기도 했죠. 전체 5권으로 이어진 이 소설은 개미라는 작디작은 생명체의 눈으로 세상을 바라보고 있는데요, 인간 중심으로 세계를 바라볼 때와는 다른 관점을 가질 수 있습니다. 이렇듯 생물학과 예술은 연결고리가 많이 있어요. 예를 들어『이상한 나라의 앨리스』에 이런 대목이 있습니다. 붉은 여왕이 사는 곳에서는 제자리에 멈춰 있으려면 쉬지 않고 힘껏 달려야 하고, 어딘가 다른 데로 가고 싶으면 적어도 그보다 두 배는 빨리 달려야 한다는 거지요. 생물학에는 이 내용에서 착안해 이름 붙은 '붉은 여왕 가설'이라는 용어가 있어요. 주변 환경과 경쟁자 혹은 포식자들 사이에서 끊임없이 진화해 적응해야만 생존과 번식이 가능하다는 거죠.

그리고 칼 세이건의 『코스모스』는 과학책에 관심을 갖는 모든 독자들에게 추천하는 책이기도 합니다. 대중 과학서의 걸작으로 자주 꼽히는 『코스모스』는 6억 명이 넘는 시청자를 끌어모은 텔레비전 다큐멘터리와 함께 만들어진 책이에요. 이 책이 발표된 후 40년이 넘는 시간 동안 과학자들은 토성의 위성 타이탄에 탐사 로봇을 착륙시키는가 하면 태양계 밖으로 우주 탐사선 보이저 2호를 보내는 등 눈부신 성취를 이루었지만 이 책을 읽는 일은 여전히 재미있고, 가치 있습니다. 이 책은 시간과 공간을 초월한 '빅 히스토리'를 통해 태양계를 비롯한 은하계의 모습과 별들의 삶과 죽음을 설명합니다. 동시에 이를 밝혀낸 과학자들의 노력도 차례로 소개하죠. 외계인에 대해 궁금해한 적 있는 분이라면 우리 우주에는 다른 생명체가 존재할 것인지, 우주의 미래는 어떨 것인지 등의 철학적 질문을 다루는 대목을 특히 재미있게 읽으실 것 같습니다.

또 저의 '인생 책'을 소개하고 싶은데요, 영국의 진화 생물학자이자 세계에서 가장 영향력 있는 과학 저술가라고 알려져 있는 리처드 도킨스의 『이기적 유전자』(1976, 한국어 전면 개정판 을유문화사 2010)입니다. 리처드 도킨스는 영국의 월간 잡지 『프로스펙트』가 전 세계 100여 나라의 독자를 대상으로 실시한 투표에서 '세계 최고의 지성'으로 뽑히기도 한 인물이에요. 이 책은 '내 삶의 주인은 누구인가?'라는 질문에 대해 깊이 생각해 보게 하죠. 내용이 조금 어려워서 깊이 있는 책들을 충분히 읽을 수 있는 때가 오면 그때 읽어도 좋겠어요. 리처드 도킨스는 이 책에서 인간은 유전자를 운반하는 기계라고 비유합니다. 인간이 유전자에 미리 프로그램된 대로 먹고 살고 사랑하면서 자신의 유전자를 후대에 전달하는 임무를 수행하는 존재라는 거예요. 기존에는 수사자의 갈기를 설명할 때 갈기가 풍성한 수사자가 자연 선택되어 살아남았다고 생각했다면, 유전자적 생명관에서는 갈기를 만드는 유전자가 살아남았다고 표현할 수 있는 거죠. 이러한 주장은 지금에는 당연하게 느껴지기도 하지만 개체를 특별하게 여겼던 당시 과학계를 떠들썩하게 만들었습니다. 최재천 교수는 이 책을 읽고는 자신의 인생관이 달라졌다고 말하기도 했는데, 이렇게 이야기하니까 한 번쯤 읽어 보고 싶어지지 않나요?

어려운 과학책이나 콘텐츠를 접할 때 갖추면 좋은 태도가 있을까요?

1993년, 제가 어렸을 때 「쥬라기 공원」이 극장에서 개봉했습니다. 「쥬라기 공원」에서 카오스 이론이 굉장히 중요하게 언급돼요. 영화를 재밌게 보고 나서 카오스 이론이 도대체 뭔지 너무 궁금해진 거죠. 관련된 책을 사서 열심히 읽어 봤지만 잘 이해할 수가 없었어요. 선생님한테 가서 묻기도 했는데 선생님도 잘 모르시더라고요. 참고로 말씀드리자면 카오스 이론은 아무리 복잡해 보이는 시스템일지라도 그 안에는 패턴이 있고 질서가 있다는 거예요. 완벽하게 이해하지는 못했지만 그렇게 한번 이해하려고 노력했던 게 제 안에 남아 있었는지 나중에 카오스 이론이 언급될 때면 어렴풋하게나마 도움이 됐어요. 과학은 물론 어렵지만 이해하려고 노력했던 경험 자체는 결코 여러분을 배신하지 않을 거예요.

▶▶ 나비의 날갯짓이 지구 반대편에서는
태풍으로 변할 수 있다는 '나비 효과'는 카오스 이론의 기본이다.

그렇다면 어려운 이론을
잘 이해할 수 있는 디딤돌도 있을까요?

이 질문을 받고 생각해 봤어요. 제 딸이 나중에 컸을 때 제가 뭘 해 주면 과학에 대한 관심이 생기고 과학을 쉽게 느낄까 하고요. 일단은 저는 여행인 것 같습니다. 제가 기자 생활을 하면서 참 다양한 지역을

가 보았는데요, 어떤 지역을 가든 대부분 과학과 관련된 시설이 있습니다. 수도권에는 국립과천과학관과 인천어린이과학관 등이 있는데, 체험형 시설이 많이 있어서 놀이하듯 구경할 수 있는 곳입니다. 제주도나 부산에는 규모가 큰 수족관이 있습니다. 또 단풍으로 유명한 경상북도 봉화군에는 국립백두대간수목원이라는 곳이 있습니다. 국립백두대간수목원은 아시아 최대 규모의 수목원인데요. 보전 가치가 높은 식물 자원과 다양한 전시원, 백두 대간의 상징과도 같은 백두산호랑이를 볼 수 있고, 직접 방문해 볼 수는 없지만 세계 유일의 야생 식물 종자 영구 저장 시설인 시드볼트도 있습니다. 한편 캠핑을 하러 서천에 갔다고 해 볼까요? 서천엔 국립생태원과 국립한국해양생물자원관이 있습니다. 국립생태원은 다양한 생태계를 한 번에 볼 수 있는 국내 최대의 생태 전시관이고, 국립한국해양생물자원관은 산호부터 시작해 고래에 이르기까지 다양한 해양 생물 자원의 수집·보존·관리 및 전시를 하는 곳입니다. 이런 식으로 전국 어딜 가든 과학 관련된 시설을 얼마든 만날 수 있어요. 모두 공부하는 기분을 느끼지 않으면서도 과학에 재미를 느낄 수 있는 곳이에요. 접근성을 높이는

▶▶ 그리피스천문대는 로스앤젤레스에 위치한 천문대로
할리우드 바로 옆에 자리하고 있다.

방법으로 여행만 한 게 없다고 생각합니다.

해외여행을 갈 때도 마찬가지인데요, 해외여행 중에 미술관 많이 가시죠? 그런데 유명한 미술관이 있는 지역에는 대체로 유명한 자연사박물관도 있습니다. 건물도 웅장하고, 실제로 거대한 공룡 화석 같은 것을 볼 수 있는 곳이죠. 미국 시애틀의 과학아카데미, 로스앤젤레스의 캘리포니아과학센터와 그리피스천문대에 방문한 적이 있는데 아이들은 물론 나이 지긋한 노인부터 성인 남녀까지 다양한 연령층이 과학관을 채우고 있었습니다. 그 광경이 낯설어서 동행했던 가이드

에게 한국에서는 주로 아이들만 과학관을 찾는데 미국 과학
관에는 연령층이 다양해서 신기하다고 말했더니 그 대답이
기억에 남아요. 미국에서는 과학도 교양이자 취미가 될 수 있
다고 말이죠. 전 한국에서도 이처럼 과학이 대중화되기를 바
라요. 그러니 기회가 있다면 가족과 같이 가까운 과학관이나
자연사박물관을 가 보기를 권합니다.

유튜브로 과학드림 채널을 볼 때는 재미있는데 과학 공부를 하려고 하면 왜
어렵게 느껴질까요? 쉽게 공부할 수 있는 방법은 없을까요? 아마 이런 고민은
과학뿐 아니라 다른 과목을 공부할 때 역시 마찬가지일지 모르겠습니다. 어떤
친구는 국어가, 어떤 친구는 영어가 어렵다고 느끼고 있을 테지요. 책상에 앉아
서 '공부!'라고 생각하고 책을 펴 들면, 조금 전 딴짓을 하던 때까지 흥미진진하
던 세상이 급격히 재미없어지는 걸 경험한 친구들도 분명 있을 거예요. 왜 세상
의 재밌는 것들은 쉽기만 하지 않고 파고들면 파고들수록 어려워질까요? 쉬운
것만 공부할 수는 없을까요? 여기서 한 가지 비밀을 알려 드릴게요. 처음에는
어렵던 지식을 하나씩 깨우쳐 가면 어려움 너머에 있는 재미를 느낄 수 있게 된

답니다. 지식이 부족한 상황에서 공부하기 시작하면 과학은 외계인의 언어를 해독하는 듯 어렵게만 느껴지지만, 공식을 하나둘 이해하고 그 공식을 적용시켜 문제를 풀어 보면서 모르던 것을 내 것으로 만들어 가다 보면 지식의 폭도 깊이도 더욱더 확장되는 기쁨을 맛보게 됩니다. 쉬운 곳에만 안주하면 재미도 기쁨도 경험할 수 없어요. 게임을 할 때도 1단계만 반복하면 지루하잖아요? 내 실력이 좋아질수록 더 어려운 단계를 해결하면서 성취감을 느낄 거예요. 어려운 문제에 골몰하고, 해결하기 위해 노력하는 태도야말로 어제보다 더 큰 성취의 비결이랍니다. 과학 공부를 할 때도 이 사실을 기억해 주세요. 오늘 어려운 만큼 내일 신날 거야!

넥슨컴퓨터박물관

▶▶ 넥슨컴퓨터박물관 오픈 수장고.

제주도 하면 무엇이 떠오르나요? 바다에서 보낸 여름휴가를 가장 먼저 떠올릴 수도 있어요. 하지만 제주도에는 재미있는 과학 시설이 많이 있답니다. 그중 하나인 넥슨컴퓨터박물관은 2013년에 문을 열었는데요. 이곳은 게임을 만드는 회사인 넥슨에서 만든 게임 박물관이랍니다. 게임을 좋아한다면 제주도 여행에서 빼놓지 말고 들러야 할 곳이기도 해요. 넥슨컴퓨터박물관에는 컴퓨터와 게임의 역사가 기록되어 있습니다. 애플에서 개발한 최초의 개인용 컴퓨터 애플 I을 보면 마치 공룡 화석을 보는 듯한 진기함을 맛볼지도 모르겠어요. 그밖에 코딩 체험을 할 수 있는 공간도 있고 옛날에 인기 있었던 게임 잡지도 구경할 수 있습니다. 세계 최초의 그래픽 MMORPG인 「바람의나라」 초기 버전이 복원돼 있어서 요즘 인기 있는 게임들과 무엇이 달랐는지 알 수 있는 기회를 줍니다. 2층에는 오락실도 있습니다. 마리오 게임을 하다 보면 시간이 화살처럼 빠르게 날아가는 기분을 경험할 거예요. 지금은 쉽게 구경할 수 없는 옛날 게임기들 구경을 하다 보면 어른들이 예전에 빠져 있던 게임이 최신 게임과 얼마나 다른지 놀라게 될지도 몰라요. 지하에는 인기 작품 「메이플스토리」를 주제로 꾸며진 카페도 있으니 게임을 좋아하는 친구들이라면 놓치지 말고 방문해 보세요!

국립과천과학관

국립과천과학관은 청소년들이 과학 기술에 대한 흥미와 관심을 느낄 수 있도록 여러 체험 프로그램을 운영합니다. 국립과천과학관에는 볼 것이 정말 많아서 다 언급하기도 어려울 정도인데 제가 먼저 추천하고 싶은 전시관은 '미래상상SF관'이에요. 여기서는 먼 미래의 풍경을 잠깐 엿볼 수 있습니다. 로봇이나 인공 지능, 유전자 기술처럼 익숙하기도 하지만 항상 놀라움을 주는 기술들은 물론 인공

태양이나 쓰레기 처리 기술처럼 꼭 필요하지만 자주 생각해 보지 못했던 기술들도 살펴볼 수 있습니다. 이어서 '첨단기술관'에서는 저 먼 우주로 떠나는 여행이나 드론 조종, 나로호의 관제실 체험 등을 통해 우주·항공 분야 기술자가 된다면 어떨까 미리 경험해 볼 수도 있지요. 인기 많은 '과학탐구관'에서는 진짜 토네이도는 물론이고 테슬라 코일을 통해 번쩍번쩍 빨갛게 빛나는 플라즈마를 직접 관찰하면서 신기한 과학 현상을 그 원리와 함께 배울 수 있어요. 그 옆의 '자연사관'

에서는 다양한 공룡 화석을 비롯해 지구의 오랜 역사 속 다양한 동·식물의 화석을 한눈에 볼 수 있는데요, 살아 있는 수중 생물들을 볼 수 있는 수족관도 갖춰져 있어요. 국립과천과학관에는 이뿐만 아니라 천문대나 곤충, 로봇, 공룡 전시관이 따로 마련되어 있어 하루 안에 다 관람하는 게 어려울 정도입니다. 이렇게 다양한 과학의 세계를 둘러보며 내가 어디에 더 흥미가 있는지 알아보는 것도 좋겠네요.

국립생태원

충청남도 서천에 위치한 국립생태원은 우리나라 최대 규모의 생태 연구 전시 공간으로, 전 세계의 대표적인 기후와 그 생태계를 경험할 수 있어 마치 작은 지구와 같은 공간입니다. 열대관은 환경 파괴로 인해 점점 사라져 가는 지구촌의 열대 우림을 온실에 재현한 곳으로 열대 우림은 물론, 어류 140여 종, 양서·파충류 9종과 열대 식물 700여 종 등 열대 우림에서 서식하는 동식물을 다채롭게 만날 수 있습니다. 한반도의 기후 환경과 생태계를 재현한 온대관도 있습니다. 여기서는 한반도의 대표 온대림인 제주도 곶자왈 지형과 연못을 볼 수 있어요. 극지관 이야기도 빼놓을 수 없을 텐데요, 극지관은 온대 지역에서 극지방에 도달하기까지의 생태 변화를 살펴볼 수 있도록 조성되어 한반도의 지붕 개마고원을 시작으로 침엽수림이 발달한 타이가숲, 툰드라 지역을 두루 살펴볼 수 있습니다.

▶▶ 국립생태원 에코리움.

그 외에도 꼭 방문해야 할 곳이 습지생태원이에요. 풀 냄새, 흙냄새를 맡으며 조금 낯설기도 한 습지의 생생한 아름다움을 경험할 수 있을 거예요.

영국자연사박물관

런던에는 대성당처럼 멋진 외관을 자랑하는 영국자연사박물관이 있습니다. 1881년부터 자연사와 관련한 수집품들을 전시해 온 공간인데요. 이곳의 트레이드마크는 들어가자마자 보이는 공룡 디플로도쿠스의 화석입니다. 디플로도쿠스는 미국 서부 지역에서 발견된 초식 공룡이라고 해요. 디플로도쿠스를 시작으로 공룡이 나오는 영화 속으로 들어온 듯한 박물관 로비를 지나면 2층으로 이어지

는 계단이 있습니다. 이 계단을 오르면 『종의 기원』을 쓴 찰스 다윈상을 만날 수 있습니다. 찰스 다윈상을 지나쳐 2층으로 올라가면 인류의 기원에 대한 전시를 볼 수 있는데요, 인류의 조상이 누구이며 어떻게 진화해 오늘의 인류가 되었는지를 유인원 화석 전시를 통해 한눈에 살펴볼 수 있습니다. 해골 구경이 재미없게 느껴진다면 2층의 보물 같은 장소인 광물관을 찾아보세요. 이곳에는 운석만 5,000여 개가 있다고 해요. 광물관의 하이라이트는 바로 보석 전시입니다. 색색의 보석이 뿜어내는 광채는 분명 넋을 놓을 정도로 아름다울 거예요. 다윈 센터에는 몇백 년 전부터 모은 생물 표본이 2,900만 종 이상 있다고 알려져 있는데 이 생물 채집은 지금도 이어지고 있다고 합니다.

미국자연사박물관

이곳에 가기 전에 봐야 할 영화가 있습니다. 바로 「박물관이 살아있다」로, 이 영화에 나오는 자연사박물관의 겉모습이 바로 뉴욕에 있는 미국자연사박물관입니다. 밤이 되면 박물관의 전시물들이 살아 움직인다는 기발한 상상 덕분에 인기를 끌어 속편까지 만들어진 「박물관은 살아있다」는 '밤의 자연사박물관에 들어간다면 이런 모습을 보게 될까?' 하는 호기심을 충족시킬 수 있는 영화입니다.

미국자연사박물관은 뉴욕 맨해튼의 중심에 있는 센트럴파크 가까이 있습니다. 미국자연사박물관은 규모 면에서 세계에서 가장 큰 자연사박물관이라고 하니 들어가기 전에 어디를 볼지 먼저 계획을 짜는 편이 좋습니다. 무작정 들어가서 하나씩 보려고 하면 다 보기도 힘들뿐더러 다리가 너무 아프기 때문이지요. 한 가지 힌트를 드리면, 1층부터 보는 대신 4층에서 시작해 한 층씩 차례로 내려오면서 보는 편이 좋아요. 5층까지 있기는 한데 공룡 화석을 비롯한 화석들이 모여 있는 4층을 먼저 보기를 권하는 거죠. 여기서는 몸길이 12미터의 티라노사우루스 화석을 볼 수 있습니다. 원시포유류방에 있는 매머드와 거대 코끼리의 화석

도 놓치지 마세요! 미국자연사박물관에서는 자연의 역사는 물론 환경에 적응하
며 시대별로 다르게 살아온 인류 문명의 역사도 볼 수 있습니다. 지질학, 인류학,
곤충학, 고생물학, 민속학을 아우르는 전시를 보다 보면 어느새 시간이 훌쩍 지
나 있을 거예요.

4. 더 나아간

이야기

- 또 다른 직업들
- 과학드림이 꼽은 베스트 에피소드

이건 정말 많은 전문가들이 말하듯 경험이 최고예요. 해 보지 않으면 절대로 모릅니다. 과학 쪽에서 꿈을 찾길 원한다면 과학책을 읽고 과학자를 만나고 과학관을 가 봐야겠죠? 주변에서 열리는 관련 축제나 강연을 잘 찾아보고 발품 팔아 직접 방문해 보길 권하고 싶어요. 직접 보고 느끼며 얻는 것이 정말 많거든요. 그러니 기회가 닿는 대로 많은 것을 경험해 보고 또 그것이 여의치 않을 때는 콘텐츠를 통해 자신의 세계를 넓혀 나가길 권하고 싶습

▶▶ 우리나라에는 각 지역의 다양한 과학 축제가 있다.
사진은 '대전 사이언스 페스티벌'의 한 장면.

니다. 보고 싶은 것과 봐야 하는 것을 두루 접하며 자신의 세계를 넓혀 가다 보면 분명 자연스럽게 자신의 꿈에 다가갈 수 있을 거예요.

다만 다른 사람과 자신의 환경을 비교하면서 자신에게도 더 다양한 경험을 할 수 있는 여건이 주어졌으면 좋겠다는 생각이 들 수도 있을 것 같습니다. 하지만 좋아하는 것을 향한

열정은 다른 누군가가 어떻게 할 수 없는 나만의 것입니다.
그 점을 잊지 말았으면 좋겠어요.

내가 진짜 좋아하는 것이 무엇인지
어떻게 발견할 수 있을까요?

너무 어려운 질문 같아요. 저 역시 좋아하는 게 계속 바뀌거든요. 한 가지 방법은 도서관이나 서점에 가 보는 거예요. 서점에 딱 들어섰을 때 가장 먼저 찾아가는 도서 영역, 그 영역들에 꽂힌 책들을 한번 살펴보세요. 왠지 모르게 눈이 가는 책들이 있죠? 그중에서 실제 읽을 책을 추리게 될 테고요. 그 책들을 읽고 나면 또 더 알고 싶은 분야, 더 보고 싶은 책들이 생겨 있을 겁니다. 이렇게 반복하다 보면 내가 진짜 좋아하는 것이 무엇인지 실마리를 찾아갈 수 있을 거예요.

둘 다 중요하죠. 그런데 저는 본인을 위한 공부가 훨씬 중요하다고 말하고 싶습니다. 다만 학생분들이 처해 있는 상황에서는 성적을 위한 공부가 현실적으로 무척 중요하기 때문에 실감하기 어려울 거라 생각해요. 물론 성적을 위한 공부도, 하고 싶은 걸 하기 위해서는 필요한 게 사실이고요. 이럴 때 제가 드리고 싶은 말씀은 지금 본인이 처한 상황에서 꼭 필요한 것은 성실하게 하되 그 안에서 스스로 재밌어하는 것을 발견하고 소중히 하라는 거예요.

우리가 어떤 일을 할 때 멀리 보는 것도 필요하고 가깝게 보는 것도 필요해요. 예를 들면 오늘 하고 싶거나 해야 할 일이 있으면 오늘 하는 게 중요하죠. 그런데 오늘 필요한 것만 보는 게 아니라 내가 앞으로 10년 뒤, 20년 뒤에 뭘 어떻게 하고 싶은지 생각하는 넓은 시야도 필요하거든요. 오늘에 최선을 다하는 동시에 멀리 내다볼 줄 아는 눈을 두루 갖추는 게 어른이 되는 과정이 아닐까 합니다.

원래 우리의 뇌는 새로운 환경을 싫어합니다. 기존에 하던 것을 계속 하고 싶어 하는 관성이 있어요. 이는 역설적으로 새로운 환경에 잘 적응하고, 새로운 영역으로 진출하게 되면 다른 사람들보다 더 진취적인 삶을 살아갈 수 있다는 의미이기도 하죠. 현재 새로운 상황을 겪고 있어 힘들다면 어쩌면 여러분은 남들보다 좀 더 진취적인 삶을 살아가고 있는 건지도 몰라요. '아무 것도 하지 않으면 아무런 일도 일어나지 않는다.'라는 말을 힘들 때마다 떠올리면 좋지 않을까 싶습니다.

과학 기자

과학과 대중의 연결고리 역할을 하는 대표적인 직업으로는 과학 기자가 있습니다. 김정훈 선생님이 과학 유튜버가 되기 전에 과학 잡지 기자로 활동했던 것처럼요. 과학 기자가 되는 방법은 두 가지가 있어요. 첫 번째는 과학 전문 매체에 입사하는 것이고, 다음으로는 종합 일간지나 방송국 같은 언론사에 입사하는 것입니다. 종합 일간지나 방송국의 경우를 먼저 이야기하면, 과학자나 의사로 일한 경력이 있는 사람들을 과학 기자로 특별 채용하는 경우가 있습니다. 그렇다면 경력이 없는 신입 기자로 일하려면 신입 기자 채용에 지원해야 해요. 종합 매체의 신입 기자로 일을 시작하면 자신이 원하는 부서에 지원해 일하는 방식이 아니라, 발령 나는 대로 거의 모든 부서를 순차적으로 돌아다니며 근무하게 됩니다. 경제부도 갔다가 문화부도 갔다가 하는 식으로요. 매체의 성격에 따라 과학 관련 기사를 전문적이고 꼼꼼하게 다루는 경우도 있지만 모든 매체가 그런 것은 아닌데요. 종합 매체에서 과학 전문 기자로 커리어를 쌓고 싶다면 먼 길을 돌아가야 할지도 모른다는 뜻입니다. 또한 과학과 관련한 일을 직업으로 삼고 싶다면 영어 공부는 충실히 해 두는 것이 좋습니다. 해외의 연구 결과를 참고해 작업해야 하는 경우가 많기 때문입니다.

이렇게 설명을 들으니 과학 전문 매체 쪽이 더 재미있을 것 같은가요? 한국의 과학 전문 잡지로는 청소년을 위한 『과학소년』 『어린이 과학동아』와 이보다 난이도가 높은 『과학동아』 『뉴턴』 등이 있습니다. 과학 전문 매체에서는 과학 관련 전공을 한 사람을 기자로 채용하는 일이 많고 다루는 기사도 전문적인 내용이 많아요. 과학을 전문적으로 파고들고 싶은 기자 지망생이라면 전문 매체로, 여러 부서에서 다양한 경험을 쌓고 싶은 기자 지망생이라면 종합 매체로 진로를 정해 보면 어떨까요?

과학 커뮤니케이터

커뮤니케이터는 '소통하는 사람'이라는 뜻입니다. 과학 커뮤니케이터는 과학에 대한 지식을 대중에 전하는 일을 한다는 점에서 과학 크리에이터를 포함하는 개념이라고 말할 수 있습니다. 과학 기술이 발전하는 속도가 날이 다르게 빨라지고 있기 때문에 과학 커뮤니케이터의 역할은 그만큼 중요할 수밖에 없어요.

과학 커뮤니케이터라는 직업은 미국에서 먼저 자리 잡기 시작했는데요. 가장 잘 알려진 사람은 천체 물리학자이기도 한 닐 디그래스 타이슨입니다. 그렇다고 해서 천체 물리학에 한정한 활동을 하는 건 아니에요. 천문학을 기본으로 다양한 과학 지식을 대중에 전달하는 역할을 맡고 있습니다. 타이슨은 하버드대학교에서 물리학으로 학사 학위를, 컬럼비아대학교에서 천체 물리학으로 박사 학위를 받았습니다. 미국자연사박물관에서 발행하는 『자연사』의 고정 필진으로 칼럼을 연재했고, 우주를 주제로 한 여러 과학책을 펴냈습니다. 과학자로 먼저 이름을 알린 그는 다양한 미디어 활동을 해 왔는데요. 과학 커뮤니케이터로서의 그의 명성을 알린 계기는 2014년에 전 세계에 방영된 텔레비전 다큐멘터리 「코스모스: 스페이스타임 오디세이」의 내레이터로 출연한 것이었습니다. 팟캐스트 「스타 토크」 역시 인기가 높고요. 타이슨이 주로 활동하던 시기는 유튜브가 지금처럼 영향력이 있기 전이라 텔레비전 다큐멘터리와 팟캐스트를 중심으로 활동했지만, 그가 지금 과학 커뮤니케이터로 활동을 시작했다면 유튜브 채널부터 만들었을지도 모르겠습니다.

과학 저술가

과학 저술가는 과학에 관련한 책을 쓰는 사람입니다. 과학자들은 논문을 써 연구한 바를 세상에 발표합니다. 여기서 이야기하고자 하는 과학 저술가는 대중을 위한 과학책을 쓰는 사람들을 의미합니다. 논문보다 알기 쉽고 이해하기 쉬운 형태로 대중을 위한 과학 서적을 쓰는 사람들이 있는데요. 그렇게 발표된 책 중에는 베스트셀러가 되는 경우도 있고, 그렇게 되면 저자가 예능 프로그램에 출연해 과학 이야기를 알기 쉽게 들려주기도 합니다.

과학 기자가 과학 저술가가 되는 일도 있어요. 한국에서 베스트셀러가 된 『물고기는 존재하지 않는다』(2020, 한국어판 곰출판 2021)를 쓴 룰루 밀러는 15년 넘게 미국공영라디오방송국(NPR)에서 일하며 '방송계의 퓰리처상'으로 불리는 피버디상을 수상한 과학 전문 기자입니다. 이 책은 19세기 한 과학자의 삶을 따라가면서 현재를 살아가는 저자 자신의 삶을 돌아보고 '과학적' 지식과 진실에 대해 질문하는 내용이에요. 과학사를 흥미롭게 다루어 과학에 대해 잘 모르는 독자들마저 끌어들이는 데 성공했습니다. 하와이에서 활동하는 과학자 호프 자런이 자신의 인생에 대해 쓴 에세이 『랩 걸』(2016, 한국어판 알마 2017) 역시 큰 사랑을 받았는데요. 자신의 연구 대상인 나무의 성장을 인간의 삶에 빗대며 알기 쉽게 과학 이야기를 전달했다는 평가를 받았습니다. 한국에도 인기 있는 과학 저술가들이 있습니다. 물리학자 김상욱은 『떨림과 울림』(동아시아 2018) 『하늘과 바람과 별과 인간』(바다출판사 2023) 등의 책을 썼는데요. 책으로 먼저 주목을 받은 뒤 방송 프로그램 「알쓸신잡 3」에 출연하기도 했고, 최근에는 과학 강연 활동 등을 통해 과학 커뮤니케이터로도 활동하고 있습니다. 「알쓸신잡」 이야기가 나와서 말인데 「알쓸인잡」에 출연한 천문학자 심채경의 『천문학자는 별을 보지 않는다』(문학동네 2021) 역시 천문학적 지식을 알기 쉽게 대중에 전달해 큰 사랑을 받은 책입니다. 이 사례들을 보면 알 수 있지만 과학 기자나 과학자가 과학자는 물론 일반 대중도 읽기 쉽게 쓰는 책들을 써서 과학 저술가가 됩니다. 과학 저술가가 되기 위해서는 역시 과학에 대한 지식을 충분히 접하고 관련한 삶의 경험을 쌓는 일이 중요하겠지요.

과학관 큐레이터

큐레이터라는 직업을 알고 있나요? 큐레이터는 과학관, 박물관, 미술관에서 일하는 직업인데요. 전시물의 수집, 관리, 연구와 무엇보다 전시 기획 업무를 담당하는 일을 합니다. 한국에서는 학예사라고 불리기도 해요. 여러분이 미술관에 갔을 때 특별한 전시가 진행 중이었나요? 박물관에 갔을 때 새로 생긴 체험관이 있었나요? 그런 전시를 기획하는 일을 하는 사람이 바로 큐레이터입니다. 큐레이터는 새로운 전시를 기획해 대중의 관심을 끄는 일을 한다는 점에서 매력적이고 흥미로운 직업이지만 동시에 전문성이 필요한 직업이기도 합니다. 좋아하는 분야의 가장 전문적인 지식을 다듬어 전시장에 오는 대중에게 선보이는 일이기 때문에 만족도가 높은 편입니다. 장소 특성에 따라 고용 형태는 다양하지만 한국에서는 석사 이상의 학력을 가진 사람들을 주로 계약직으로 고용하는 편입니다.

과학관에도 큐레이터가 있는데요. 다양한 콘텐츠를 모으고 선별할 수 있는 역

량이야말로 큐레이터에게 필수적입니다. 과학의 역사적 이해, 과학의 사회·문화

적 함의 등에 관한 지식이 과학관 큐레이터에게는 필수적이라고 볼 수 있어요.

앞으로 더욱 많은 전문가를 필요로 하는 분야이기도 합니다. 우리나라에서 큐레

이터로 활동하려면 4년제 대학을 졸업하고 또 준학예사 자격을 취득하는 것이

우대 조건인 경우가 많습니다. 과학관의 흥미진진한 전시를 기획하고 방문자들

과 소통하는 직업, 멋지지 않나요?

사람을 먹으면 안 되는 매우 과학적인 이유

영어 단어 카니발(cannibal)은 아메리카 신대륙을 발견한 콜럼버스로부터 비롯되었습니다. 자신이 도착한 곳이 인도라고 생각했던 그는 이 지역의 원주민들을 몽골 제국의 왕, 칸의 후손들이라고 착각해 이들을 '카니바스'라고 불렀습니다. 콜럼버스는 카니바스의 이웃 부족으로부터 카니바스족이 사람을 잡아먹는다는 소문을 듣게 됐고 이 소문이 유럽으로 퍼지면서 카니발은 식인종을 뜻하는 단어가 됩니다. 나중에 거짓임이 밝혀졌지만 말이죠. 그런데 인류 진화사에 식인종은 없었을까요? 만약 없었다면, 그 이유는 무엇일까요?

요즘 같은 세상에 식인종이라는 단어는 미개하기 그지없지만 사실 식인 행위는 인류의 역사 속에서 심심찮게 등장합니다. 영국자연사박물관의 실비아 벨로 박사는 영국 남서부의 한 협곡에서 1만 4,700년 전 현생 인류의 유골들을 발견했는데요. 그녀는 여러 뼛조각에서 발견되는 인류의 이빨 자국과 두개골 화석 중 일부가 마치 그릇처럼 매끈하게 가공된 점들을 눈여겨보았습니다. 당시에도 식인 풍습이 있었다고 주장하는 근거로 말이죠. 멋 옛날이라 식인 풍습이 있었을 거라고요? 식인 풍습은 꽤 최근인 1150년대에도 있었습니다. 미국 콜로라도주의 남서부 지역 인디언들의 유적지에서 똥 화석이 발견되었는데요. 리처드 말라 박사는 이 똥 화석에서 인간 근육에 있는 미오글로빈 단백질을 검출해 '식인 행위의 생화학적 증거'라는 제목으로 2000년에 『네이처』에 발표했습니다.

그뿐만 아니라 지난 2013년엔 17세기 초 유럽인들이 미국에 정착해 세운 제임스타운에서 식인 행위가 일어났다는 증거가 발견되기도 했습니다. 인류학자인 덕 오슬레이 박사는 제임스타운 유적지에서 처참하게 난도질당한 열네 살 소녀의 두개골 화석을 발견하고는 이렇게 말했습니다. "이 흔적은 사람들이 식용을 위해 살을 파먹고 뼈에 구멍을 내 뇌를 꺼내 먹었다는 증거입니다." 실제로 1609년의 제임스타운 상황을 기록한 문헌에 따르면 당시 마을의 식량이 완전히 바닥나면서 이민자들은 개와 고양이는 물론, 쥐와 뱀, 심지어 신발 가죽까지 뜯어 먹었고, 도저히 허기를 참을 수 없었던 사람들은 영국인의 무덤이건 인디언의 무덤이건 가릴 것 없이 파내서 죽은 이들을 먹었다고 합니다.

이러한 식인 행위는 20세기에도 나타납니다. 1972년 우루과이 공군 571편 비행기가 안데스 산맥에 추락하는 사고가 일어났는데요. 당시 생존자들이 살아남기 위해 어쩔 수 없이 죽은 동료의 시신을 먹은 사건은 유명한 일화 중 하나죠.

그런데 이런 일들을 예로 들어 인류 진화사에서 식인종이 존재했다고 단정 지을 수 있을까요? 고인류학자 이상희 교수는 식인 행위는 장례 의식이나 극한의 상황, 사회·문화적 이유로 종종 나타날 수 있지만, 영양 섭취를 위해 사람이 사람을 일상처럼 먹는 식인종 집단은 인류 진화사에 존재하지 않았다고 말합니다. 그도 그럴 것이 진화적으로 식인은 생존에 매우 불리한 행동이기 때문입니다.

식인이 불리한 행동인 첫 번째 이유는 정말 간단합니다. 자신과 신체나 지적 능력이 비슷한 동종을 사냥하는 건 그렇지 않은 토끼나 사슴 등을 사냥하는 것보다 배는 어렵기 때문입니다. 동종을 사냥하는 데 쓸 에너지로 다른 동물을 사냥하는 게 훨씬 낫습니다. 그래서 인간을 제외한 다른 동물들의 세계에서도 짝짓기나 번식, 그리고 스트레스를 받는 등 특정한 상황이 아니면 동종을 상습적으로 잡아먹는 경우는 흔치 않습니다.

두 번째 이유도 비슷한 맥락인데요. 인육을 먹는 건 영양학적으로도 별 효율

이 없습니다. 2017년 영국 브라이튼대학의 제임스 콜 박사는 인육을 영양학적으로 분석하는 꽤 기이한 연구를 했는데요. 논문 제목도 「구석기 시대 식인 행위에 있어 열량의 중요성 평가」였습니다. 그는 55킬로그램의 남성을 기준으로 허벅지는 1만 3,350칼로리, 상박은 7,450칼로리, 하박은 1,660칼로리라는 식으로 분석해 인체 1구의 총 열량은 12만~14만 칼로리라고 밝혔습니다. 하지만 콜 박사는 1명의 인육은 고작해야 25명의 남성이 반나절만 버틸 정도의 열량인 반면, 매머드 한 마리를 잡으면 같은 수의 집단이 두 달은 버틸 수 있다고 언급했죠. 한 마디로 콜 박사는 영양 보충을 위해 식인을 일상처럼 행하는 집단은 인류 진화사에 없었을 것이고 대부분의 화석으로 발견되는 식인 행위들은 종교나 장례 의식 같은 사회·문화적 이유 때문일 거라고 주장했습니다.

끝으로 식인 행위가 지닌 최대 단점은 바로 질병에 걸리기 쉽다는 것입니다. 바이러스나 세균, 기생충 등은 같은 종 내에서 훨씬 쉽게 감염됩니다. 예를 들어, 박쥐 체내의 바이러스가 사람에게 감염되려면 바이러스 유전자에 어느 정도의 돌연변이가 일어나야 하지만 사람끼리는 바이러스의 변이가 없어도 바로 감염되죠. 즉, 동종을 잡아먹는 행위는 쉽게 질병 감염으로 이어진다는 이야기입니다.

아주 먼 옛날 5억 4,000만 년 전쯤 고생대 캄브리아기 지구의 바다에 삼엽충이 등장했습니다. 몸을 세로로 나눴을 때 가운데 중엽과 양옆의 측엽까지 총 3개로 나뉜다고 해서 삼엽충이라 불리게 된 이 동물은 많은 사람들이 하나의 종으로 알고 있지만 실은 생물 분류 기준에서 '강'에 속합니다. 삼엽충강에는 2만 종 이상이 있으며 종마다 생김새도 무척이나 다양합니다. 크기로 치면 수 센티미터인 녀석들이 대부분이지만 간혹 50센티미터가 넘는 녀석들이 발견되기도 하죠. 탄산 칼슘으로 이뤄진 단단한 외골격은 보호용으로 제격이었고 기초적인 소화관을 지니기도 했으며 발달한 눈도 지니고 있었으니, 삼엽충은 생각만큼 단순한 동물은 아니었습니다.

특히 지구상 거의 최초로 등장한 이들의 겹눈은 먹이를 찾거나 포식자를 피하는 데 적합했는데요. 재미있는 사실은 대개의 동물 눈은 말랑말랑해서 화석화가 안 되지만 삼엽충의 눈은 방해석이라는 광물로 되어 있어 또렷한 겹눈 구조가 화석으로 남았다는 사실이죠. 수억 년 전 삼엽충의 눈에 비친 세계는 어땠을까요? 복굴절 현상을 지닌 방해석의 특성을 떠올리면 삼엽충의 시야도 중첩되고 흐릿했을 것 같지만 현재 많은 고생물학자들은 삼엽충의 홑눈이 복굴절 현상을 상쇄시킬 수준으로 정교하게 배열돼 있어 생각보다 선명하게 세상을 봤을 거라고 추측하고 있죠.

이렇듯 당시로서는 꽤 정교한 시각 기관을 갖춘 삼엽충은 아주 얕은 해안가에서부터 대륙붕까지 다양한 깊이에 서식하며 지금의 우리나라를 비롯해 중국, 시베리아, 유럽, 아메리카, 오스트레일리아, 남극 대륙까지 지구 전역에 걸쳐 번성했습니다. 무려 3억 년 동안을 말이죠. 그러나 2억 5,100만 년 전, 오랜 세월을 버텨 오던 삼엽충은 지구에서 완전히 자취를 감추었습니다. 도대체 이토록 번성했던 생물은 왜 사라졌을까요? 어떤 단계를 밟아 가며 멸종의 길을 걸었던 걸까요? 아니면 단 한순간의 사건이 이들을 멸종시킨 걸까요?

삼엽충처럼 엄청나게 번성한 생물이 멸절하려면 단 한 번의 사건으로는 역부족이고 여러 차례의 사건이 필요했을 것입니다. 삼엽충에게 닥친 첫 번째 시련은 4억 4,000만 년 전 오르도비스기 말에 찾아왔습니다. 당시 지구는 빙하기에 접어들었습니다. 수온이 곤두박질치자 따뜻한 바닷물에 사는 삼엽충들은 타격을 입었고, 덩달아 바닷물이 얼어 해수면이 낮아지면서 얕은 바다에 사는 삼엽충들은 갈 곳을 잃고 죽음으로 내몰렸죠. 사실 당시 대빙하기는 삼엽충뿐만 아니라 해양 생물 종의 80퍼센트 이상을 멸종시킬 정도로 강력해서 이 시기는 '오르도비스기 대멸종'으로 불립니다. 생태학자 사무엘 박사는 당시 이 대멸종 사건으로 인해 42개 과에 달했던 삼엽충과의 숫자가 절반 가까이 줄었다고 밝혔습니다. 그리고 다른 한편에선 4억 4,000만 년 전, 턱이 달린 물고기의 등장이 삼엽충의 개체 수 감소의 원인 중 하나라는 가설도 등장했는데요. 이 시기와 맞물려 포식자에게 대항하기 위해 날카로운 가시로 무장한 삼엽충들이 대거 나타나는 경향이 그 증거로 제시됐지만 사실 이것만으로 삼엽충이 대규모 감소했다 보기엔 많이 부족합니다. 어쨌거나 오르도비스기 대멸종 사건 이후에도 삼엽충은 건재했습니다.

영국자연사박물관의 고생물학자 리처드 포티는 『삼엽충』이라는 책에서 대빙하기 이후에 차가운 물에서 사는 달마나이트속의 삼엽충이 등장했는가 하면 눈이 발달한 파코피드목의 삼엽충, 머리에 혹이 달린 녀석, 지금의 공벌레처럼 몸을 둥글게 마는 녀석까지 삼엽충은 점차 그 다양성을 회복했다고 말했죠. 이런 다양성은 실루리아기를 지나 데본기까지 무사히 이어지는 듯했습니다.

데본기 말, 삼엽충들에게 또 한 번의 시련이 불어 닥쳤습니다. 데본기 후기 대멸종인 프라슨-파멘 사건이었죠. 3억 7,000만 년 전에 발생한 대멸종은 육지보다는 해양에 큰 타격을 줬습니다. 지질학자인 토마스 알지오 박사는 데본기 말의 해양 지층을 분석했는데요. 운석 충돌, 화산 폭발 등 어떤 이유인지는 모르겠으나 한 가지 확실한 건 당시 해양엔 2,000만 년에 걸쳐 산소량이 급격히 줄어들었다는 사실이죠. 즉, 산소 부족으로 삼엽충을 비롯해 산호초 등 당시 해양 생물의 대부분이 멸종한 겁니다. 산소 부족이 어찌나 극심했는지 10종류 이상이었던 삼엽충과가 데본기를 지나면서 고작 4~5개만 남게 됩니다. 캄브리아기 후기만 해도 60개 이상의 과를 자랑했던 삼엽충이었지만 데본기 말에 이르자 점차 쇠락의 길로 접어들게 된 거죠. 하지만 워낙 번성했던 삼엽충이기에 데본기에 살아남은 프로이투스목의 삼엽충들은 석탄기를 거쳐 고생대 말기인 페름기까지 그 명줄을 이어 나갔습니다.

그러나 2억 5,100만 년 전, 지구상 최악의 대멸종, 지구판 포맷이라 불리는 페름기 대멸종이 이 마지막 남은 삼엽충에게 최후통첩을 날렸습니다. 해양 생물종의 95퍼센트, 육상 척추동물의 70퍼센트가 전멸한 사건 앞에 명줄 질긴 삼엽충도 무참히 무너져 내렸죠. 현재 페름기 대멸종의 가장 유력한 원인으로는 시베리아 지역에서 발생한 대규모 화산 폭발이 꼽히는데요. 그 위력이 어느 정도였나 하면 2013년, 이 화산 폭발을 연구한 알렉세이 이바노프 박사는 당시 화산 분출량은 미국 전역을 약 400미터 두께로 덮고도 남는 양이라고 말했죠.

그렇다면 이 대폭발은 삼엽충을 어떻게 멸종으로 몰아넣었을까요? 2018년 『사이언스』에 페름기 대멸종의 구체적인 과정을 담은 논문이 실렸는데요. 연구진들의 주장은 이렇습니다. 페름기 말, 시베리아 지역에서 전례 없는 대규모 화산 폭발이 일어났는데, 화산 분출물이 석탄기 동안 쌓인 석탄층을 뚫고 올라오면서 석탄을 연소시키자, 엄청난 양의 이산화탄소와 메테인이 대기로 방출되기 시작했죠. 이 온실가스들은 극심한 지구 온난화를 불러왔고 이는 곧장 수온 상승으로 이어졌습니다. 당시 초대륙을 이루고 있던 판게아 지표 근처의 수온은 무려 10도 가까이 높아졌습니다. 문제는 바로 여기부터인데요. 바닷물이 뜨거워지자 삼엽충을 비롯한 해양 생물들의 신진대사가 빨라졌습니다. 그러나 반대로 수온이 올라가면서 바닷물에 녹아 있는 용존 산소량은 줄어들었고 그 결과 신진대사량이 늘어난 해양 생물들은 산소 부족으로 질식사하게 된 거죠. 연구진들은 산성비와 바다의 산성화 등 뒤이어 나타난 다른 요인들도 생물 멸종을 가속화시켰다고 덧붙였는데요. 아마 당시 삼엽충들에게 주어진 선택지는 죽는 것뿐이었을 겁니다. 이렇게 3억 년간 지구의 바다를 누비던 삼엽충은 한 번도 힘들다는 대멸종을 세 번이나 겪고 나서야 비로소 역사의 뒤안길로 사라졌습니다.

진화론은 정말 배울 가치가 없을까? (feat. 종의 기원)

1859년 영국의 한 노신사가 책 한 권을 출간합니다. 비둘기를 개량하고 육종시키는 이야기로 시작되는 책. 바로 찰스 다윈의 『종의 기원』이었죠. 인쇄한 책이 하루 만에 매진될 정도로 인기가 높았던 『종의 기원』은 인간이 비둘기를 육종시켜 원하는 형태의 비둘기를 얻는 일상적인 일화로 시작되지만, 여기에는 놀라운 과학 법칙이 담겨 있었습니다. 수식 하나 없는 아주 간결한 원리, 바로 진화였죠. 다윈은 『종의 기원』을 통해 인간의 육종이 다양한 비둘기를 만들었듯 자연의 육종이 지구상의 생명체를 다양하고 아름답게 만들었다고 주장했습니다.

자연의 육종이란 무엇일까요? 그렇습니다. 바로, 자연 선택입니다. 한 종 내에선 변이로 인해 다양한 형질이 나타나고 이들 중 환경에 적합한 형질을 지닌 개체들만 살아남아 번식을 하고, 그러지 못한 녀석들은 도태되며 이런 방식을 통해 종은 아주 천천히 변화한다는 것. 다윈은 생명이 아주 원시적인 생명체로부터 출발했으며 수많은 세월 동안 자연 선택을 거쳐 지금의 다양성을 갖게 됐다고 말했죠. 그리고 인간 역시 대자연에서 살아남아 번식에 성공한 평범한 하나의 생물종

에 불과하다는 겁니다.

지금은 대충 고개를 끄덕일 만한 내용이지만 당시 유럽 사회에서는 그렇지 못했습니다. 인간이 만물의 영장이 아니라는 말, 인간이 창조주로부터 만들어진 것이 아닌 다른 생물이 변화하면서 나왔다는 다윈의 이런 파격적인 주장들은 유럽 사회에 핵폭탄급 충격을 안겨 줬습니다. 당시 사회를 지배하고 있던 생각에 대한 도전이었기 때문입니다. 다윈 이전에 사람들이 지녔던 생명관은 일종의 '사다리'였습니다. 생명에는 위계가 있고 위계의 최상부에는 인간이, 최하부에는 식물이 있다고 생각했죠. 그리고 이 질서와 이 질서를 구성하는 종은 결코 변하지 않는다는 패러다임이 사회 전반에 굳건히 자리 잡고 있었습니다.

하지만 『종의 기원』과 진화론은 2,000년 동안 지속돼 왔던 사다리 생명관에 조금씩 균열을 내기 시작했고 이후에는 패러다임의 전환을 가져옵니다. 마치 과거 코페르니쿠스나 갈릴레오의 재림을 보는 듯했죠. 지동설이 지구를 우주의 중심에서 밀어냈다면 다윈의 진화론은 지구의 중심에서 인간을 밀어낸 겁니다.

그러나 많은 사람들은 다윈을 조롱했습니다. "그럼 당신의 조상은 원숭이란 말인가요? 왜 원숭이는 인간으로 진화하지 않죠?" 또 19세기 후반에는 진화론을 빙자한 우생학이 생겨나면서 특정 인종과 민족 우월성에 대한 잘못된 믿음이 자리 잡기 시작합니다. 결국 일부 국가들은 이런 잘못된 믿음 위에 식민주의, 인종주의적 정책을 자행하며 무고한 사람들을 무참히 학살하기도 했죠. 더욱 안타까운 건 21세기인 지금에도 일부 사람들은 비슷한 오해를 지닌 채 진화론을 바라본다는 사실입니다.

진화라고 하면 어류에서 양서류로, 이후에 파충류와 포유류로 변화하다가 그 흐름의 마지막 장에서 완벽하게 진화한 인간이 생겨나는 장면을 떠올리는 게 대표적이죠. 또 진화는 일직선으로 일어나며 마치 고등한 생명체로 되어 가는 방향성이 있다고 여기기도 합니다. 나중에 나온 종이 더 진보돼 있고 그 이전 종들은 열등하다고 생각하기도 하죠. 하지만 진화는 진보가 아니며, 방향성이 있지도 의

도적이지도 않습니다. 진화는 목적과 방향 없이 맹목적으로 자라나는 '생명의 나무'입니다.

예를 들어 말은 일직선상으로 진화해 나간 것이 아닙니다. 수많은 나뭇가지 형태로 뻗어 가며 진화해 왔고, 수많은 곁가지로 뻗어 나간 종들은 중간에 멸절했으며 현재의 말 '에쿠스'(Equus ferus caballus)란 작은 가지에 속한 종만이 살아남은 거죠.

인류의 진화도 마찬가지입니다. 포유류에서 원시 영장류로 가지를 뻗어 나가며 지금의 인간이 나오게 됩니다. 즉, 침팬지가 우리의 조상이 아니라 침팬지와 인간 사이에는 공통 조상이 있고 인간과 침팬지는 이 공통 조상으로부터 서로 다르게 갈라져 나온 종입니다. 진화론의 문제점을 지적하는 사람들은 왜 침팬지가 인간이 되지 않느냐고 묻기도 하는데요. 역설적이게도 침팬지가 인간으로 진화하는 것이 발견된다면 진화론은 즉각 폐기되어야 합니다. 왜냐하면 생명의 나뭇가지에는 침팬지가 가지를 건너뛰어 인간으로 진화할 수 없기 때문입니다. 앞으로 시간이 지날수록 이 둘은 전혀 다른 갈래로 뻗어 나갈 겁니다.

지금 우리 인류와 동시대에 존재하는 모든 생명들은 40억 년이라는 세월 동안 자라온 거대한 생명의 나무에서 이제 막 뻗어 나온 새싹들입니다. 그리고 지구상 모든 종들은 저마다 처한 환경에 적응해 살아남았을 뿐 어떤 종이 다른 종보다

우위에 있거나 더 나은 것이라 말하기도 힘들죠. 우리가 식물보다 우월할까요? 우리가 고래보다 우월할까요? 사실 인간은 번식 속도 면에서는 박테리아 발끝에도 미치지 못합니다.

진화론은 우리에게 생명엔 우열이 없다는 생명관을 제시합니다. 생명은 이렇게 적응과 변화를 반복할 뿐인데 과거 유럽 열강이 사람에게 우열 관계를 매겨 가며 차별과 학살을 자행한 건 얼마나 어리석은 일일까요? 진화 생물학자 리처드 도킨스는 이렇게 말했습니다. "한 행성의 지적 생명체가 성숙했다고 말할 수 있는 때는 자기 종의 존재 이유를 알아냈을 때다." 우리는 어디에서 왔을까요? 우리는 어디로 가고 있을까요? 진화론은 이런 질문에 대해 합리적으로 답을 찾아가게 해 주는 길잡이 역할을 합니다.

옛날 옛적, 고래가 걸었던 시절의 이야기

고래 중 가장 큰 종인 대왕고래는 46억 년 지구 역사상 가장 큰 동물입니다. 대왕고래의 몸길이는 20미터, 무게는 100톤 이상이거든요. 코끼리, 매머드와는 비교할 수 없을 정도로 거대한 크기이고요. 그런데 지구의 시계를 약 5,000만 년 전으로 되돌려 보면 바다에서는 고래를 찾아볼 수가 없어요. 바다가 아니라 바닷가에 고래의 조상이 살았는데요. 바로 파키케투스입니다. 그런데 파키케투스

는 고래와 하나도 안 닮았어요. 작은 육상 포유류에 불과하니까요. 그런데 고생물학자들은 어떻게 이 작은 육상 포유류를 보고 고래의 조상임을 알 수 있었을까요? 그리고 파키케투스는 어떻게 바다로 가게 되었을까요? 고래처럼 바다에 사는 포유류들을 보면서 이들이 어쩌면 중생대 바다에 살았던 포유류의 후예일 수도 있다고 생각했던 과학자들이 있었습니다. 하지만 중생대 바다 지층에서는 바다 포유류의 화석이 한 점도 발견되지 않았기 때문에 이 가설은 금세 묻혔습니다. 1996년 미국의 진화 생물학자 리 반 발렌은 고래가 포유류인 이상 그 조상은 육상 동물일 수밖에 없다며 고래의 육상 동물 기원설을 주장했습니다. 그 의견에 동의하는 과학자들이 있긴 했지만 고래의 조상으로 명확히 정의할 수 있는 화석들이 발견되지 않았기 때문에 고래 진화에 대한 연구들은 진척이 더뎠습니다.

1981년이 되었을 때 미국 미시건대학교의 필립 깅그리치 박사는 파키스탄의 인더스강 주변 산지에서 약 5,000만 년 전에 살았던 육상 동물의 뼛조각들을 발견했습니다. 그 뼈를 살펴보던 깅그리치 박사는 화석이 고래의 조상임을 확신하고 화석의 이름을 '파키스탄의 고래'라는 뜻의 파키케투스라고 지었습니다. 그 뼈는 무엇이었을까요? 고실뼈라고 불리는 귓뼈였는데요. 귓뼈에는 오직 고래목에서만 발견되는 특징이 하나 있는데 바로 볼록 튀어나온 새뼈집(골구)입니다.

우리 인간을 포함한 다른 포유류들은 공기의 진동으로 소리를 듣기 때문에 귓뼈 내부에는 공기를 받아들이기 위한 공간이 넓어야 하고 따라서 새뼈집의 두께는 매우 얇은 대신 내부 빈 공간은 넓습니다. 반면 물속에 사는 고래들은 공기의 진동이 아닌 물을 타고 퍼지는 소리를 뼈 자체의 진동으로 들어야 하죠. 그래서 진동을 전달해 주는 새뼈집이 매우 두껍고 치밀합니다. 파키케투스의 귓뼈는 이런 고래목 귓뼈의 특징을 고스란히 지니고 있었고 이에 깅그리치 박사는 파키케투스를 고래의 조상으로 분류하게 된 거죠. 이런 귓뼈를 가진 파키케투스는 아마 공기의 진동으로 소리를 듣기보다는 땅에 턱을 댄 채 땅으로 전해져 오는 다른 동물의 발자국 진동을 들었을 겁니다. 그리고 다른 포유류들과 차별화된 이런 듣기 기능은 육지에서는 그다지 유용하지 않았겠지만 훗날 물속으로 진출하는 데는 매우 중요한 역할을 하게 되죠.

하지만 당시까지만 해도 파키케투스의 전신 골격은 발견되지 않았던 탓에 파키케투스의 실제 생김새를 비롯해 고래와의 근연 관계를 확정 짓기엔 무리가 있었는데요. 그러던 2001년 『네이처』에 파키케투스의 전신 골격 화석과 고래와의 근연도가 담긴 논문이 실립니다. 고생물학자 한스 테비슨 박사는 논문을 통해 파키케투스는 늑대만 했고 네 개의 다리를 지녔으며 다리 끝엔 발굽도 있었다는 사실을 발표하면서 이들의 후손인 고래 역시 계통학적으로 하마가 속한 우제목과 가장 가깝다는 것이 드러나죠.

또한, 1990년대부터 이뤄지던 고래 DNA에 대한 분석 결과도 실제로 이들이 하마, 돼지, 사슴 같은 발굽 포유류와 가장 밀접하다는 사실을 뒷받침하면서 고래 진화에 대한 연구는 급물살을 타게 됩니다. 특히 '걷는 고래'라는 뜻을 지닌 암불로케투스의 발견은 고래 진화 과정을 풀어 주는 중요한 열쇠가 되죠.

파키케투스보다 100만 년 늦게 등장한 암불로케투스는 몸길이가 4미터나 됐고 생김새는 꼭 악어를 빼닮았는데 그 생태가 참 독특했습니다. 화석이 발견되는 곳이 모두 바다 퇴적층이라는 사실, 또 뒷발에 물갈퀴가 있었을 가능성이 높다는 사실 등으로 미루어 봤을 땐 이들이 바다에서 생활한 게 분명하지만 이들의 뼈를 분석해 나온 '산소 동위 원소'의 비가 참 이상했던 겁니다. 산소-16과 산소-18의

비는 바다와 민물이 다른데 암불로케투스 뼈의 산소 동위 원소비는 민물 쪽에 가까웠던 거죠. 이는 암불로케투스가 바다에서 살았지만 마시는 물은 바닷물이 아니라 민물이었고, 먹잇감도 바다 동물이 아닌 민물고기나 육상 포유류였다는 걸 뜻합니다. 어쩌면 악어처럼 강에서 매복해 있다가 물을 마시러 온 육상 동물들을 사냥했을지도 모를 일이죠.

이 사실을 발견한 한스 테비슨은 『걷는 고래』(2014, 한국어판 뿌리와이파리 2016)라는 책에서 암불로케투스가 바다와 강을 오가며 이중생활을 했고 더불어 육지에서 바다로 진출하는 중간 단계의 종이라고 주장했습니다. 암불로케투스 이후 300~400만 년이란 짧은 시간 동안 고래목 조상들은 쿠치케투스, 로도케투스, 프로토케투스 등으로 빠르게 분화를 거듭해 나갑니다. 이때까지만 해도 이들에겐 긴 꼬리와 어기적어기적 걸을 정도의 다리가 있었기에 해안가나 얕은 바다 등에 적응해 살아갔죠. 그리고 약 700만년이 흘러 3,900만 년 전쯤, 드디어 바실로사우루스와 도루돈 같은 몸집이 큰, 진정한 유선형의 고래류가 등장합니다. 이들은 꼬리가 아닌 꼬리지느러미를 지녔고, 뒷다리는 거의 퇴화했으며, 앞다리는 가슴지느러미로 변해 넓은 바다를 누비기 시작했죠. 그리고 도루돈으로부터 진화의 가지를 뻗어 나온 게 지금의 이빨고래와 수염고래입니다.

도대체 고래가 바다로 가게 된 이유는 뭘까요? 테비슨 박사는 그 원인이 한 가지일 수는 없다고 말합니다. 그는 약 5,000만 년 전 작은 네 발 동물 중 일부는 먹이 경쟁과 포식자를 피해 물속으로 눈길을 돌렸고 물에 머무는 시간이 늘면서 이들의 후손 중 일부는 헤엄치는 법을 터득하고, 또 일부는 물속의 먹잇감을 사냥하는 데 익숙해지면서 자연스레 땅 위를 걷는 능력을 잃게 되는 등 수많은 작은 단계들이 고래를 바다로 이끌었다고 밝혔죠. 무엇보다 이 일련의 드라마 같은 과정들은 목적도 방향도 없는 우연의 연속이었습니다. 당시 수중 환경에 적합한 포유류들만이 우연히 자연 선택돼 살아남았고 지금의 고래로 진화한 거죠. 히말라야 산맥이 채 형성되기도 전인 약 5,000만 년 전 테티스해 주변 여울가를 어슬렁거리던 이 작은 녀석은 훗날 자신의 후손이 지구 역사상 가장 큰 동물이 될 거란 사실을 짐작이나 했을까요? 이렇듯 진화는 한 치 앞도 내다볼 수 없기에 더욱 장엄하고 경이로운 게 아닐까 싶네요.

'과학드림'이 들려주는 재미있는 과학 이야기를 더 많이 만나 보세요.

youtube.com/@ScienceDream

참고문헌

1부

K. T. Bates, P. L. Falkingham, "Estimating maximum bite performance in Tyrannosaurus rex using multi-body dynamics," *Biology Letters* Vol. 14 2012.2.29.

American Oceans, "What is the Bite Force of a Great White Shark?", https://www.americanoceans.org/facts/great-white-shark-bite-force/

Linda J. Bornman, Chris H., Botha, C. E. J. & Nash, "Welwitschia mirabilis: observations on movement of water and assimilates under fohn and fog conditions," *Madoqua* 2, 1973.1.1.

Joh R. Henschel, T.D. Wassenaar 외 2인, "Roots point to water sources of Welwitschia mirabilis in a hyperarid desert," *Ecohydrology* 12, 2018.8.29.

3부

두산백과사전 "대왕고래" doopedia.co.kr/doopedia/master/master.do?_method=view&MAS_IDX=101013000865099

조진호 『게놈 익스프레스』, 위즈덤하우스 2016.

「철학하는 물리학자 김상욱의 메시지, "과학은 교양이다"」, 『뉴스프리존』 2018.10.4.

Meridith Joyce 외 5인 "Standing on the Shoulders of Giants: New Mass and Distance Estimates for Betelgeuse through Combined Evolutionary, Asteroseismic, and Hydrodynamic Simulations with MESA," *The Astrophysical Journal* 902, 2020.10.13.

이미지 출처

19면   Wikimedia / Davidvraju

31면   Wikimedia / Thomas Schoch

35면   Wikimedia / Bodow

45면   Flickr / Jim Linwood

47면   Unsplash / TheRegisti

51면   Wikimedia / Lee Roger Berger research team

55면, 101면   연합뉴스

60면   Unsplash / Nubelson Fernandes

69면   Wikimedia / WolfmanSF

75면   Wikimedia / Adam Block,Steward Observatory,University of Arizona

81면   위즈덤하우스

86면   Unsplash / Daniele Levis Pelusi

91면   넥슨컴퓨터박물관

95면   Wikimedia / Bongsun

96면   Wikimedia / Chiuchihmin

98면   Wikimedia / bryan...

발견의 첫걸음 8

과학 크리에이터가 되는 상상 어때?

초판 1쇄 발행 • 2024년 9월 27일

지은이 • 김정훈 이다혜
펴낸이 • 염종선
책임편집 • 이상연
조판 • 황숙화
펴낸곳 • (주)창비
등록 • 1986년 8월 5일 제85호
주소 • 10881 경기도 파주시 회동길 184
전화 • 031-955-3333
팩스 • 영업 031-955-3399 편집 031-955-3400
홈페이지 • www.changbi.com
전자우편 • ya@changbi.com

ⓒ 김정훈 이다혜 2024
ISBN 978-89-364-5328-2 44400